隱喻
領導力

**The Power of
leadership metaphors**

200 prompts to stimulate
your imagination & creativity

啟發洞見、解決難題的
200則思考提醒

Peter Shaw
彼得・蕭 著 黃開 譯

獻給我的孫子與孫女：

巴尼（Barney）、丹尼爾（Daniel）、露絲（Ruth）、

雅各（Jacob）、盧卡（Lucca）、盧卡斯（Lucas）

以及斯泰蘭（Stellan），感謝他們共同帶來的歡笑。

| 目次 |

PART 2　價值

PART 5　你應該注意的風險

PART 6 以莎士比亞為師

讓隱喻帶你表現出最佳引導力和影響力

　　領導者必須打造能提供對話的氛圍。你需要知道該往何處去，以及能夠達成的務實目標為何；同時，你也應該設法建立一個讓人願意與你同甘共苦的環境。

　　你需要建立一套架構，用以鼓勵眾人表達內心的想法、勇於指正你的錯誤，並且樂於與你共同努力，找出可行之道。你需要隨時聆聽他人在乎的事，包括已明說的和未能啟齒的。有太多領導者總是只聽他人的曲意奉承，全然忘了「國王的新衣」（the Emperor's new clothes）所蘊含的教訓。你也需要清楚判斷何時應奮力一搏，而對哪些問題卻應該袖手旁觀，順其自然。這其中的訣竅在於確定你所追求的目標是什麼，然後清楚溝通你做此決策的理由。

　　身為領導者，你經常耐心等候時機到來。然而，在其他場合，你則深知必須出手介入，才能引導、塑造或推動前進的道路。很多時候，決定權與資源都掌握在他人手中，但是你必須在適當的情況下發揮想法和影響力。當時機對了，你早已準備好提出建言或者說出你的顧慮。

　　我曾經擔任英格蘭與威爾斯司法部門的首席法官，有眾多

法官皆仰賴我以身作則並定下行政風格的基調。我的工作涉及廣泛而多樣的利益，包括世界各地的城市和企業、政府官員、公務人員、法律專業人士、公共利益團體、媒體和法官等。他們各有特定的關心議題，期待於各自的職責範圍內，和我共同找出切實可行的發展作法。

對我的工作而言，隱喻是一大利器。我印象特別深刻的是「適時另闢蹊徑」和「懦夫難贏美人心」這兩個隱喻的主旨。它們特別適用於處理法庭系統現代化，以及善用數位革命優勢等議題。它們在另一個截然不同的情況中也同樣適用，那就是讓不同國家的司法部門合作共事並互相支持。然而，「永恆的真理」這個單元所收集的各種隱喻，是你務必謹記在心的，它們能讓你避免許多錯誤。

隱喻以寥寥數語濃縮了集體經驗的智慧。有的隱喻成功捕捉到個人或群體對於願景的想像力，這些隱喻能夠以富有創意的方式幫助對話進行下去。本書收集了豐富多樣的隱喻，有些很新穎，有些早已膾炙人口，每一則都值得我們玩味。書中有許多隱喻可供領導者在形形色色的環境下應用。我鼓勵的作法，是先讓你的想像力沉浸在這些隱喻之中，再反思每一則隱喻在文末提出的問題。

我結識彼得・蕭已超過十五年，曾經多次與他談及領導力的話題，這些對話總是充滿啟發性。更重要的是，在司法部門履行新職責方面，他一如在其他國家所做的那樣，大力協助我們發展領導技巧。他曾膺任英國政府部門的局處首長，其後又

以高階主管教練及大學教授的身分，與各領域的領導人物和領導團隊共事，足跡遍及六大洲。凡此種種，讓他具備了豐富的歷練。

領導者總在各式各樣的情況下思考如何表現出最佳引導力和影響力，我高度推薦本書作為他們豐富的思考提示資源。

──約翰‧湯瑪斯勳爵（Lord John Thomas）
2013年至2017年擔任英格蘭與威爾斯首席法官
&卡達國際法庭庭長

使用隱喻，能製造具創意及啓發性的對話

　　一則故事或一幅圖畫所傳達的意義勝過千言萬語。故事、圖畫或隱喻有助於人們弄清楚下一步該怎麼走，例如「種子必須死去」、「隧道盡頭見曙光」或是「獨木難成林」這一類常見的表達用語，便生動地總結了領導者需要認識的眞理。

　　隨著深入探討隱喻，我們益發明白接下來該做什麼。隱喻可以刺激想像力，讓我們從嶄新的角度思考問題。利用隱喻來思考問題，有助於解放思路，開啓更多可能的新解決方案。藉由隱喻，我們能夠「切中問題的核心」、釐清事態、帶來洞見，或者指出癥結所在。隱喻讓我們直接面對現實，認清是否需要放棄計畫、從頭來過，或是調整方向。

　　從事教練工作時，我經常在對談中使用隱喻，它們能製造具有創意及啓發性的對話。這些隱喻有的眾所周知，有的是從各種出處收集而來，有的則是我或共事的夥伴發明的。有時候是教練對談進行到一半，腦海中突然浮現一個說法，正好能言簡義賅地表達某個觀念或是接下來該做什麼。令人難忘的隱喻能使我們牢記觀念，在流於老生常談之際，能提醒我們還有別出心裁的想法。

本書一共收錄了200則隱喻，它們對我而言都是千眞萬確的道理。我將它們泛稱爲「隱喻」，但實際上本書所包含的內容有的可稱之爲諺語、成語或格言。本書以一頁一則隱喻的編排方式，方便讀者快速吸收該隱喻的應用方式，進而從容思考它對自己的意義。我使用的呈現方式是以一個段落的文字闡釋隱喻，隨後再以簡短的實例說明它與領導者的關係，最後則提出三個提示或問題供讀者思索。簡短實例說明的部分，都是與一名假想的領導者有關，他們的經驗取自我身爲領導者以及在教練對談中的觀察心得。這些假想的領導者有班恩、吉里安、威廉、賽拉、哈利、凱洛、布蘭達和拉希德。

　　在教練工作中，我使用的基本方法是鼓勵人們思考領導力的4V，亦即願景（vision）、價值（values）、附加價值（value-add）以及生命力（vitality），這是 2006 年我在凱普司通（Capstone）公司出版《領導力的4V》（*The Four Vs of Leadership*）一書所提出的原始架構。到了 2019 年，該書在普瑞斯塔洞見（Praesta Insights）公司以相同書名出版，書中不僅指出本架構對於個人和團隊的相關性，也加入從這個架構獲益的領導者之觀點。

　　本書首先依願景、價值、附加價值及生命力將隱喻分組，接下來則是關於領導者必須注意的風險。其次是十則莎士比亞所撰寫的隱喻，它們都飽含聯想，能深深打動人心，可做爲領導者的警惕。莎士比亞創作的隱喻還有很多，例如「天地間一大舞台，紅塵男女莫非戲子，彼方出場我退場」，但限於本書

篇幅，無法兼容並蓄。至於最後一個部分所收錄的，則是可以視爲永恆眞理的隱喻。

隨著新冠肺炎（Covid 19）全球大流行，如今世界的面貌已然不同於以往，經濟與社會方面都產生了深刻的變化。因此，我們需要以全新的方式思考領導和經營，例如「確保你的積極度」（Bottle the positives）的隱喻，就在疫情期間鼓舞了人心。應用隱喻能開闢新的解決之道，以應付前所未有的挑戰，是非常有用的作法。

我的寫作目的是讓本書成爲思考的提示，希望在任何場合都有一個隱喻能吸引你的想像，讓你從不同的角度檢視問題。請容許你的想像力與每一則隱喻共舞，爲你帶來新洞見或者創造更多可能性。或許，在最黑暗的時刻會煥發全新的可能，令你感到驚奇且樂在其中。

—— 彼得・蕭
寫於英格蘭高達敏（Godalming）

PART 1

願景

Vision

1 種子必須死去
The seed has to die

在新生命與希望誕生之前，某個觀念或信念必須先消失。

你對周遭的世界感到沮喪，但仍保持剛毅堅決的態度，相信自己是因為能力而獲得相當程度的成功。然而，你開始意識到人生始終無法一帆風順。你需要冷靜一下，讓「你沒有錯」這個信念隨風而逝。你開始認知一件事：當你願意讓其他生命與希望蓬勃發展、願意放下證明自己沒錯的欲望，新生命與希望就會油然而生──你必須接受這一點。

班恩是一名老練的專案經理，在任何情況下總是能準確判斷需求，因此備受讚賞。班恩察覺到其他人都過於順從他，即便是他們能勝任的決策，也不願意作主。他必須後退一點，不再尋求萬眾矚目，也必須確保別人能夠主導工作，讓他們逐漸產生熱情，並且對未來感到樂觀。

💡 **思考提示**

◆ 你需要放下哪些自我信念或想法，才能展開新生活？
◆ 你需要拋開哪些失望、沮喪的經驗，不讓它們遮蔽你的判斷力？
◆ 你如何擺脫不合時宜的成見？

2 失之東隅，收之桑榆

When one door closes another opens

你前進的道路封閉了，或許因此讓你看見以前全然未知的可能性。

你積極進取，善於追求更高的職位。你看出一個機會而躍躍欲試，想知道它是否可以成為前進的入口。你提出詢問或者想提供協助，卻發現這個機會不屬於你，因為你不符合其需求。你感到失落，但同時也面對現實，開始尋找其他可能的未來選項。隨著你審視最初的機會，就能在自己可貢獻所長的領域上釐清一些觀念，而其他可能性也開始在你心中成形。

班恩曾經設法要轉換到另一個專案，但是沒有成功。他的申請過程幫助他了解了自己的長處，當主持目前這個專案的職缺出現時，他更有條件申請。雖然他過去申請的那份工作沒有如願，但此事反而塑造了領導現在這個團隊的機會。

💡 **思考提示**

◆ 在什麼情況下，你會停止去推一扇打不開的門？

◆ 你如何尋找可能打得開的另一扇門？

◆ 假如你回首過往，對於那些緊閉的門，你有多感激？

3 隧道盡頭見曙光
The light at the end of the tunnel

若你願意向前凝視，就能窺見遠處的亮光。

你全神貫注於迫在眉睫的問題。你感到寸步難行，不敢向前看去。因為這麼做的話，所展望到的未來盡是揮之不去的黯淡景象，這會讓你沮喪不已。未來彷彿不會有好日子，令人深感天地不仁。你告訴自己，從前也曾經遇過這一類的處境，而陰霾終會消退。請想像獲得光明時的心情，這會帶給你黑暗將逐漸遠離的希望。

班恩所主持的專案進度緩慢，沒有人一如預期地完成工作，他必須持續不懈地提醒參與者，他們各自的承諾。最後，大家對於未來的行動有了一致的想法，班恩也願意相信事態已經有所改善。他所在的隧道似乎非常黑暗，而當他望向未來，就瞥見了遠方的曙光。

💡 思考提示

◆ 你以前遇過的情況，是什麼讓你看到隧道盡頭的亮光？
◆ 在誠實面對眼前困難的前提下，你如何想像隧道盡頭的亮光？
◆ 你如何向他人描述隧道盡頭的亮光是什麼樣子？

4 路上的絆腳石

The rocks in the way

對於前方的景觀，你必須仔細勘查，評估路上有哪些絆腳石，以及如何排除。

我們看見前方有難以攀爬的巨岩，感到力不從心。我們怎麼可能繞開或是越過它們？但我們必須評估擋在路上的是怎樣的石頭。它們可以改變大小嗎？哪位同事有處理這類石頭的經驗？它們是否比一開始所想的更容易對付？有沒有其他途徑能繞過這些石頭？有哪些石頭必須爬上去、哪些可以避開？

班恩看到了一個極為重要的問題，在他眼中，它就像是擋路的絆腳石。這個難題似乎無比棘手，但班恩決定從不同的角度檢視，同時參考其他持不同觀點者的看法。於是，這個艱巨的難題慢慢轉化為困難卻能應付得來的任務。那顆阻撓他們前進的石頭，如今變成了可以被克服的障礙。

💡 思考提示

◆ 誰能協助你從不同的觀點檢視絆腳石？

◆ 為了按比例看出絆腳石造成的阻礙有多大，你需要借助什麼專業知識？

◆ 克服這顆絆腳石，能讓你得到怎樣的滿足感？

5 舊的不去，新的不來

There has to be an ending before there can
be a new beginning

在全新的開始之前，必須先終結過去。

你想要瀟灑地辭去工作或職務，不拖泥帶水。在工作或人
生的下一個階段，你不想被前一份工作擾亂心思。你擬好一份
清單，詳列需要收尾的事項。對於那些還在執行任務的人，你
已經與他們有過最後的談話。在離去之前安排一席告別談話，
你知道這會是珍貴的指導對談。然後，你就可以劃下一道分隔
線，轉身大步邁向新的里程。

班恩在就任目前的職位之前，能夠妥善交接上一份工作的
業務，他對此心懷感恩。他的工作中，有些任務自然結束了，
至於其他方面，他花了一些時間指導繼任者，並且鼓勵他們持
續努力。他用心交接，也和重要的團隊成員談過個人生涯發
展，他需要對自己的離職表現感到滿意。

💡 思考提示

◆ 對你而言，為了繼續前進，怎樣結束過去才算是良好的
作法？
◆ 關於不去想「如果還在前一份工作，下一個行動會是什
麼」，你能做得多好？
◆ 有哪些因素會妨礙你展開新階段？

6 從高處俯瞰
A bird's-eye view

從高處俯瞰目前的問題，能帶給你更寬廣的視野。

你沉浸在某個問題之中，被眼前的壓力逼得喘不過氣。你覺得別人的要求不近人情，而你無處可逃，也看不見前途在哪裡。你要向外看，才能看到其他人如何應付類似的問題，而且想想怎樣才能和他們產生交流。你想像自己飛升到高處俯瞰眼前的問題，掃視廣大的景象，比較其他人的作法，然後評估自己處理問題的方式。

班恩想像從高處觀察自己如何解決當下的問題。他能看見自己走過的足跡，以及前方可能的路徑。他看到了其他人怎樣處理類似問題，也看到哪些作法開始生效，哪些則不太管用。他看見整體的目的地，還有需要繼續走完的距離。對於整個旅途有更好的視野之後，他突然發覺這個任務變得可以控制了。

💡 思考提示

◆ 你如何擴大視野，超越眼前的壓力？

◆ 當你從高處俯視時，更清楚看見什麼？

◆ 這麼做讓你對於未來的路程得到哪些想法？

7 攀登另一座山
The next mountain to climb

世界上有爬不完的山，那麼你如何認可並讚賞自己目前的成就？

思索有哪一座山是你下一次想爬的，這樣的思考對你有益。可是，專注於下一座山，然後又是下一座山，也會讓人氣餒而不知所措。因為達成了某個階段的目標而慶祝，以及回顧已經取得的進展，經常是我們不願意花時間去做的事。我們可以鍥而不捨地督促自己不斷往上爬，然而我們也需要暫停一下，享受已獲得的成就，再決定有沒有去爬另一座山的欲望或需求。

班恩意識到自己並不善於慶祝工作上的進展，他總是迫不及待地向前奔走。他表現得精力旺盛，但是組員可不像他那樣充滿幹勁。他了解到必須確保每一次巔峰的表現都能得到慶賀，也必須全面表揚所有人的貢獻。班恩開始接受一個觀念：不需要爬盡每一座山，有些山可以略過。

💡**思考提示**

◆ 討論需要攀爬的山，對你和他人有何幫助？

◆ 哪些山是你可以略過的？

◆ 當你必須更大膽或有所保留時，別人如何支持你？

8 越線之前先看會跌多遠

Don't jump over the edge without looking how far you might fall

你要考慮到自己的話語或行動可能造成的後果，有時候你必須勇往直前，有時候則應該往後退一步。

我們想要參與並反對某個正在形成的方法，但不希望變得不受歡迎或是造成負面反應。我們不想樹立對手，因為在重要的行動過程中，還需要同事的支持。我們主動退讓，判斷需要有哪些證據來支持自己比較喜歡的作法，以及需要和誰談一談，以便對於接下來的行動步驟取得共識。

班恩已經訓練自己能夠把眼光看向情境的界限之外，考量若是他屬意的方法不如預期那麼有效，會有怎樣的後果。他反問自己：假如最後證明該決策所期望的目標落空，對他的業務及人員會造成什麼影響？他深知，以自己的聲譽來說，只要能拉攏關鍵的同事，便可以放手去支持接下來的行動。

💡 思考提示

- ◆ 你能夠好好評估自己的建議會產生什麼後果嗎？
- ◆ 哪些恐懼會讓你裹足不前，不敢展現應有的堅持？
- ◆ 有哪些因素能讓你勇於越線？

9 扭轉局面
Turn the tables

　　有時候必須大聲說出真相，同時讓大家看到戲劇化的行動，人們才會聽得見並有回應。

　　某些令人厭惡或不恰當的行為有時反而成為常態，人們雖然會容忍進而接受，但那些行為卻是不應該的。金融買賣有點違法，卻被容忍。一旦標準遭受侵蝕或者被睜一隻眼閉一隻眼地對待，一切就會顯得模糊曖昧。關於那些被接受的行為，有些事必須說出來，而那些沒有被執行的事也得曝光。必須有人大聲說出來，這樣的局面必須翻轉，才能揭露非法交易和不恰當的行為。

　　班恩擔心有些員工的休息時間太長，不僅超過正常所需，還經常不見人影。然而，其他員工則是抱持良心做事，工作時間遠超過薪水的要求。班恩覺得公司內部對於時間以及工作投入的規範，已經受到系統性扭曲，他下定決心現在就要清楚地聲明自己的期望，同時明確指出那些已經形成的不良行為。

思考提示

◆ 有哪些濫用時間和資源的行為必須說出來？
◆ 有哪些因素會阻礙你揭發資源被誤用的行為？
◆ 為了保護某些人不會被其他人暗中的不良行為傷害，你可能需要採取什麼措施？

10 適時另闢蹊徑
Time to blaze a trail

有時候，你所在的情境需要你證明什麼是可能的，而且不容你退卻。

你的團隊似乎陷入無限循環討論的困境，難以自拔。你遭遇永無止境的拖延，知道必須有所改變才行。而且，你很清楚下一個正確的行動為何。你當機立斷，明白此刻必須堅定指出前方的道路何在，並且勇於領導大家行動。你拒絕優柔寡斷，因為你了解：如果其他人願意追隨你，你就應該自信地指示一條前進的道路。

班恩持續探索著一個停滯不前的專案。造成專案舉步維艱的原因很多，已經讓整個團隊筋疲力竭、灰心喪志。他們總是能找出各種理由繼續拖延下去。班恩花了許多時間和同事逐一討論各個議題，終於領悟到一件事：他必須更清楚地擁護專案完成之後會帶來的好處。他必須為這個專案開闢一條道路，讓其他人能夠跟他一起前進。

💡 思考提示

◆ 團隊陷入困境時，你如何堅定地支持未來的可能性？
◆ 你在什麼情況下能夠親自舉例說明某個作法的好處？
◆ 你如何克服那些會導致退卻的誘因？

11 潮起必有潮落
Every tide has its ebb

眼前的力量再強大，時日一久也可能消退。

浪潮拍岸會讓人覺得水的力量無窮無盡，然而，看似所向披靡的大浪在上岸之後卻停止前進了。在特定情境下，那些逼迫你決策的力量看起來就像不會罷休，但原本支持某個作法的力道後來竟然消失無蹤了。你很欣慰自己能堅守立場，沒有被強大的壓力弄得六神無主。

班恩受到龐大的壓力，要他承接某個額外計畫。班恩認為，增加額外的工作會讓團隊負擔過重，而且影響他們完成重要優先事項的能力。班恩猜想，假如他能克制自己，不要做出明確的決定，那股逼使他承擔該計畫的壓力將會減弱。班恩提醒組員輕重緩急何在，以及哪些是攸關組織成功的重要事項。然後，執行新提案的壓力便消失了。

> **思考提示**
> ◆ 你多擅長判斷某個龐大無比的壓力只是一時的？
> ◆ 依你的判斷，在什麼情況下你會認為針對特定作法的壓力終會過去，拖延戰術對你有利？
> ◆ 在什麼情況下你會認為必須迅速移動到高處，才不會被某個強大的力量壓垮？

12 三思而後行
Look before you leap

你應該對自己的行動會造成什麼影響了然於胸，才不會被他人的反應嚇壞。

你知道需要說什麼，做什麼。你考慮過各方面的意見，不願對接下來的行動猶豫不決。但是，你也知道必須在行動之前先想清楚某些後果。其他人會有什麼反應？說出或做出你認為正確的行動，可能造成哪些連鎖反應？這就像是在伸手不見五指的情況下縱身一跳，你需要盡可能判斷會降落在結實的地面或是掉入泥淖。

班恩知道有個特殊的分析類型能使團隊更有效率地工作。他需要找出更多證據，證明其他組織如何成功採用該方法。他也需要預想組員可能會有哪些反應。他知道必須先說明清楚利弊得失，組員才會逐漸接受他所主張的變動。

💡 思考提示

◆ 你希望某個行動達到什麼成果？

◆ 對於你的成員會有什麼反應，你的眼光能預見多遠？

◆ 有哪些因素能讓你準確預見將來的反應？

13 萬丈高樓平地起

Great oaks from little acorns grow

有的提案能夠創造有效且可長可久的成果，值得從零開始規畫。

你已經付出時間在發展某個觀念或提議，它本身看起來規模很小，潛在利益也很普通。然而，你知道一個提議如果能經過測試並獲得跨部門人員的支持，即可慢慢被更多人認可，成為良好的發展方向。一個提議從評估到產生成果，需要時間。

班恩有時候很沒耐性。他希望自己的構想能激發想像力，並且獲得投資和鼎力支持。他承認不會有一蹴可幾的拍板定案，必須確保對於未來工作的提議能規畫妥當，同時抓住同事對於時間和資源之投資報酬的思考。他必須說明自己的提議所具有的功效，以及能夠產生的利潤。

💡 思考提示

◆ 你有哪些觀念前途無量，是你想要用心培養的？

◆ 你如何給自己空間，以便看出哪些小步驟可以發展成大提案？

◆ 假如你想要激發人們對於未來可能性的想像，如何保持耐性？

14) 懦夫難贏美人心

Faint hearts never won fair lady

　　為了贏得重要人士的信任與支持，有時候你必須大膽行動。

　　什麼時候你容易變得曖昧不明、猶豫不決或甚至麻木不仁？什麼時候你會把懷疑或憂慮放在兩旁，勇敢支持某個行動方案？有時你必須暫停下來重新考慮，有時則必須大步前進，堅定地表達立場。有時你明知道會因此招致批評，但若不這麼做，你將錯失良機。

　　班恩上司的主管艾達總是肩負各種壓力，班恩的工作很少和艾達有交流。想要吸引艾達的注意並非易事，因為艾達手上永遠會有更重要的事得處理。班恩等待著，終於有機會與艾達簡短交談，他知道此時必須勇於表達自己對某項投資的主張。此刻不容許班恩畏首畏尾，他說出了想法，獲得艾達用心聆聽，接下來就等著看看班恩的說服力效果如何。

思考提示

◆ 在什麼情況下你會表現得比環境允許的更膽怯？

◆ 有哪些因素能讓你從畏縮變成勇於表達主張？

◆ 什麼樣的心態能讓你勇敢一點而非軟弱無力？

15 失之毫釐，謬以千里

A miss is as good as a mile

務實的態度能讓人接受「差點命中等於不成功的結果」。

假使你去應徵那份工作卻沒有得到，就是不成功。這是人生殘酷的現實。人生往往沒有安慰獎，不是贏就是輸。一旦我們未能如願以償，心態必須豁達一點。錯失了預期的結果，我們可以知足常樂。可是，接下來必須往前走，承認人生總是有成功也有失敗，但這跟我們所表現的水準以及付出的心血沒有絕對的關係。

班恩接受了某個計畫並未成功。他可以將此事視為團隊學到的一次教訓，藉此合理化失望的心情。他想要清楚點出其中一部分可持續的利益，不過他不想在計畫的整體成功或失敗方面自欺欺人。

💡 思考提示

◆ 你如何接受相對而言失敗的事實，並且對自己或別人坦誠不諱？

◆ 一方面來說你的計畫失敗了，另一方面你的實驗也有獲利，你如何在兩者之間保持平衡？

◆ 在什麼情況下你會有欺騙自己的風險，將失敗當作成功？

16 需要爲發明之母
Necessity is the mother of invention

需求會讓人研發具創意的新穎方法來解決問題。

當你除了更有創意且通力合作之外別無選擇，就會發生重大的變化。在戰爭中，新設備必須快速設計並製造出來，因此往往是科學與技術發展最爲顯著的時期。2020 年新冠肺炎全球大流行之際，各種障礙也隨之被打破，人們更願意同心協力找出共度難關的新方法。新冠肺炎導致封城，因而加快了虛擬傳播工具的應用，其進步之神速超乎世人前所未有的想像。

班恩收到上司的訊息，清楚表示除非他能在某個特殊的棘手問題取得突破，否則單位資金的來源將會受阻。班恩知道他必須集中最優秀的人手來解決問題，讓他們更有創造力，嘗試從各種不同角度思考問題，找出可行的對策而獲得進展。

思考提示

◆ 哪些因素能讓你的人員最有創造力？

◆ 你如何製造迫切感，使同事強制進入並接受創新模式？

◆ 關於需要爲發明之母，你最佳的親身實例爲何？

17 獨木難成林

One swallow does not make a summer

早期的跡象固然有用，但無法保證成功。

我們都歡迎那些證明了目前正在取得進步的鼓勵和初始徵兆。鼓勵的聲音能讓人士氣大振，然而其風險在於過度看重單一的聲音，它未必代表廣泛的迴響。另一方面，眾多清一色的讚賞評價則可視為指標，表示我們正蒸蒸日上，未來的成功大有可期。

班恩總是在尋找各種跡象來證明他的計畫符合預期進展。他知道有些人會在一開始用滿口甜言蜜語來討好他，也知道其他人需要有更多證據，才敢確認成果。他採取明智的作法：一方面認可已經達成的里程碑，同時也承認必須有持續的進展。對他來說，重要的是能發現進步的指標，以其為基礎繼續前進，但是又不至於就此預設勝券已然在握。

思考提示

◆ 你最想找到的進步指標是什麼？
◆ 你如何在確認進步時不會因此預設一定會成功？
◆ 你如何確保自己不會耗費過多時間去尋找第一個徵兆？

18 愼防自我意識之爭
Beware of the battle of the egos

爆發意氣之爭時，最好能袖手旁觀。

有些人只喜歡聽自己的意見，總是想要證明自己說的話最正確。把兩個具有這種性格的人放在同一個小組，保證會處處不融洽，除非團隊對於何謂合適的行為已有所協定。當雙方又開始爭執不下，你大概不想被捲入。你選擇明哲保身，直到他們解決了問題，或者你想到調停的方法或是能指出替代方向。

班恩發現，和某些同事意見不合令他感到萬分疲憊。他看到組織內比較資深的同事，每逢有困難問題得解決時就會變得情緒化。他知道必須靜待他們吵累了，他才有機會主張別的作法，而這些作法若是早一點提出來，想必不會受到歡迎。

💡 思考提示

◆ 你的自我在什麼情況下會阻礙你與他人獲得共識？
◆ 假如兩個自我意識強大的人陷入嚴重的意見分歧，你如何處理這種狀況？
◆ 當你認為自己知道正確答案，如何調合自己的方法？

19 鍊條的強度取決於最弱的一環

A chain is only as strong as its weakest link

假如企業的某一部分不夠強健，整體聲譽將會受損。

你的組織有哪些部分很健全，足以應付外在的衝擊？當組織內有人員無預警缺席時，其他人是否有充分的準備，能夠接手他們的角色，確保組織的運作得以維持下去？你的組織應該針對不同部門進行一場壓力測試，進而全面掌握哪些部分富有彈性，而哪些部分比較脆弱。

班恩意識到必須緊盯團隊的每個部分。他知道如果有人缺席、有新手加入，或是在工作崗位上的人好高騖遠，而不是專注於當下的職責，組織都會陷於最脆弱的處境。班恩打算以一到十分做為標準，為單位裡每個部分的彈性打分數，並且將這些評鑑存檔，以便提醒他必須關注哪些部分。

思考提示

◆ 你如何區別脆弱環節和堅固環節？

◆ 你應該投入多少時間去處理脆弱環節？

◆ 你的組織有多大的適應能力，可讓某個領域的脆弱由另一個領域的強力投注所彌補？

20 千里之行，始於足下

A journey of a thousand miles begins with a single step

只要踏出第一步，你的長途旅程就算出發了。

第一步通常是最困難的。你衡量過某個行動的利弊得失，而且很清楚自己正朝著正確的方向前進。你誠惶誠恐地踏出第一步，同時相信自己能夠不斷前進。在你意識到未來的路途漫長之時，也掌握了步伐的節奏，並開始享受初步的成績。於是，原本似乎遙不可及的目標逐漸變得可能實現。

班恩審慎評估團隊能否承接某個大型的長程計畫。這個計畫可能需要幾個星期才能完成，在團隊同意執行該計畫之前，他設法應付了不確定性和風險。他知道必須停止拖延，必須下定決心前進並踏出第一步。當他這麼做了，對這一切努力所具有的信心也隨之急速提升。

思考提示

◆ 將一個計畫看成一系列可行的步驟，這麼做對你有多大的幫助？

◆ 假如目標遠在天邊，有什麼因素能協助你踏出第一步？

◆ 對於需要經歷許多階段才能實現的長遠願望，你的態度有多開放？

21 一畫勝千言

A picture is worth a thousand words

> 許多人透過圖像比透過文字更能吸收及記憶觀念。

閱讀時，你的目光掃過了遍布文字的頁面，但是有一幅圖表或圖片激發了你的思考，你瞬間就理解了大量文字所要闡明的觀念。圖表能呈現各個元素之間的關係，用文字的話，或許必須大費周章才能解釋清楚。一張圖能喚起某個情緒，而該情緒總結了你想要表達的訊息。你應該思考一件事：可以利用什麼圖表或圖像來總結你的訊息？

班恩想要以令人信服的方式闡述某個計畫的成果。對一部分人而言，文字固然是不錯的媒介；可是他想要激發某些人的思考，而他們的支持是他特別需要的。他製作了一個簡單的圖表，說明最終計畫的運作情形，但他不確定這個圖表是否過於簡化，沒有把握它的說明能否讓人滿意計畫的結果。他決定冒險一試，改用看起來有點花俏的方式來呈現計畫的結果。

💡 思考提示

- 在什麼情況下，一幅圖片或圖表能說服你某個提議的行動是正確的？
- 你用文字寫作時，是否會思考它應該附上圖表或圖片？
- 在什麼情況下附隨的圖片反而對你的提案不利？

22 切勿殺雞取卵

Don't kill the goose that lays the golden egg

財務上的現實主義可能意味著繼續從事單調乏味之舉，而非新奇怪異的行動。

求新求變可能表示：某些成熟的產品與服務所帶來的穩定性與收入，會因此喪失其價值。無論任何企業都應該反思這些事：有哪些項目會持續創造重要的金流，因此必須用心培養？有哪些核心的慈善捐獻人，或者產品或服務的常客，是你必須認可的，不可視為無足輕重或已經過氣？

班恩知道有一部分員工從事的日常工作對客戶而言是有價值的，而他們的付出可能被忽視。他必須經常提醒自己：是他們創造了穩定的金流，其他部門才能去實現某些新措施。當資深人員質疑這些日常工作對組織是否有貢獻時，班恩堅定不移地指出它所創造的收入，正是拜它所提供的穩定性之賜，其他部門才有能力實踐某些新觀念。

> 💡 **思考提示**
>
> ◆ 你的企業有哪一部分會有被貶低價值的風險？
> ◆ 你如何將某些特定領域所受到的關注，連結到它們創造的收入？
> ◆ 在你的企業之中，你需要經常向哪些人聲明是誰對公司有規律而基礎的貢獻？

23 超越鼠目寸光
Look beyond the end of your nose

人們永遠會有「只專注當前問題」的風險。

我們的心思會塞滿日常的期望，以及短期壓力和權宜之計所造成的情緒。我們無法高瞻遠矚，也永遠缺乏足夠的時間來思考一些行動的長遠影響。我們讓強勢的人主導議題，因而對於自己如何影響及改變他人的長期態度與行為，冒著一無所知的風險。當我們能超越鼠目寸光，即可看見前方蜿蜒曲折的路況，並且預先做好準備。

由於財務部門要求投資的短期報酬，班恩覺得自己總是在和對方拉扯。他必須不斷重複相同的訊息：這些計畫是關於會帶來良好報酬的長期行為改變。如果計畫能夠有效施行，將可造成長久的行為改變，但很少人注意到這一點，而班恩為此必須克制自己的不耐煩。

思考提示

- 你如何思考自己的行為會造成什麼長期後果？
- 誰是你談論長期後果的最佳對象？
- 假如大家都持續在關注短期面向，你如何控制自己的耐性？

24 急功近利／竭澤而漁
The immediate can drive out the important

我們經常成為執行眼前任務的奴隸。

每當有眾多電子郵件湧入信箱，我們都認為有責任回覆，於是陷入無休止的立即回覆，任由它主宰了我們的時間。或許我們在每週或每天都應該有時間後退一步反省：我們需要專注於哪些重要任務，而非眼前的事務？一個可能有用的作法是：在每週一開始就決定哪些工作屬於重要類別，並且投入時間處理它們，即使必須搞失蹤也在所不惜。

班恩總是被追著解決眼前的問題。他留出時間以便能抽身去處理真正緊急且重要的事務，同時一定會確保部門裡有人能夠應付當下的需求。他給予同事清楚的指示，供他們篩選哪些是真正迫在眉睫的事，哪些則是可以和其他優先事項一起處理。

☀ 思考提示

- 你同時關注短期目標和長期願景，如何確保自己能維持平衡？
- 什麼因素能協助你從當下之急中篩選出當務之急，並且給予後者足夠的時間和精力？
- 你在什麼情況下能抽身離開，以便專注於當務之急？

PART 2

價值

Values

25 希望之泉永不枯竭
Hope springs eternal

　　你需要永遠抱持這樣的希望：只要向前行，就會有更美好的未來。

　　當你的情緒跌到谷底時，是否依然能感覺到希望，相信明天會更好？在最黑暗的時刻裡，也存在著機會。當眼前的處境讓人深感不安、無情，「希望」能夠帶領我們的腳步持續前進。或許我們能在別人的臉上看到希望，或是以他人如何挺過艱苦際遇的經驗做為借鏡，效法他們就算遭遇接二連三的挫敗，仍然保持堅定的決心。人生若是不抱持希望，將會身陷絕望的泥淖，進退維谷。

　　吉里安是某個工會的資深成員，代表多個資深員工團體。她對自己的角色充滿熱情，相信員工的想法如果能被公司嚴肅看待，公司的運作將會更有效率。一旦她想要影響的組織之高級管理階層經常讓她吃閉門羹，讓她能夠維持動力的根源是一個積極的信念，那就是相信員工的聲音必須被聽見。當她被管理階層冷落時，她知道仍應該保持開朗和樂觀。

> 💡 **思考提示**
>
> ◆ 你在什麼情況下是靠著希望繼續前進的？
> ◆ 你若是碰壁了，如何保持對希望的信念？
> ◆ 你如何靠著希望站穩腳跟？

26 剃刀邊緣
A close shave

我們必須承認：環境中的潛在危險就近在咫尺。

有時候我們會挑戰極限，宣稱不一定要得到別人的支持。我們在尚未得到重要人士的全面認可之下就做了決定，還隨時準備好請求別人原諒自己先斬後奏。我們開始討價還價，自作主張的程度超出了上司允許的範圍。我們明知道會遭受批評，卻又自以為是。

吉里安覺得，她和雇主們協商時往往處於易受攻擊的地位。她總是在平衡自己所代表的各個團體的利益，同時尋求得到務實的結果。有時她知道自己會激怒隊友，有時則是雇主認為她能做得更多。吉里安認清自己正在從事平衡工作，而且，當她可能無法得到必要的支持，或是無法實現她認為可行的目標時，她必須保持專一致志。這種感覺就像是一再遊走於剃刀邊緣。

思考提示

◆ 在協商中，你願意突破界限的程度有多大？

◆ 你在什麼情況下寧可請求見諒而非許可？

◆ 假如你無法滿足他人的預期而令他們感到失望，你如何應付批判？

27　人生就是旋轉木馬

Life is a roundabout

　　人們的主張和行動可能會不斷地繞著圈子，毫無進展可言。

　　有時候，你發現各種主張根本是在繞圈子，一點進度也沒有。原班人馬一再出現，每次的目標雖有不同，卻都是提出相同的論點，顯然沒有辦法取得進展。在什麼情況下，你會嘗試讓繞圈的速度加快、跳脫繞圈，或是想要說服大家，像這樣無止盡地周而復始下去，對情況一點好處也沒有？有時我們得同意一個事實：有些論點的循環必須一直進行下去，直到大家都筋疲力盡，或者出現了重要的新資訊。

　　吉里安知道她可能又要聽到相同的論點，雇主會一次又一次主張無法為員工增加工作安排的彈性。即使人力資源部門有不同人員加入協商，提出的說法還是老生常談。吉里安努力不懈，試圖舉出實例說明員工的彈性對公司與雇主都是有利的，她想善用這些實證來克服雇主方面極為保守的禁忌。她開始變得對消極論點的循環免疫，愈來愈能善用成功措施的實例。

💡 思考提示

◆ 你能微笑面對不斷繞圈的相同觀點嗎？

◆ 你在什麼情況下能夠提出新證據來打破論點的循環？

◆ 你如何和他人一起打破論點的循環？

28 不吠的狗
The dog that didn't bark

如果某件事情不受重視，通常代表它並沒有你所想的那麼
重要。

有時候，眾所矚目的事物會悄悄地消失無蹤。也許是因爲
它被解決了，也許是當事人認爲它不像先前所以爲的那麼重
要，早期的優先事項往往會被新的要求取代。爲何某個議題曾
經被視爲有爭議，後來卻沒有引起注意？檢討這個問題，對你
會有幫助。這類檢討對於判斷哪些事物在未來最爲重要，能給
予我們良好的洞見。

吉里安很清楚有些議題會受到長期關注，但是其他議題則
只有一星期的熱度，隨後即煙消雲散。當她和不同團體的隊友
對談，她注意到有些議題並沒有那麼受到重視。當她特別提出
這些被忽視的議題時，卻往往被告知它們不是當務之急。可
是，它們被忽視，正好清楚表示相對來說應該被優先處理。

💡 思考提示

◆ 觀察哪些主題沒有人關心，對你有何幫助？
◆ 在你能判斷某個主題會持續受到關注或是很快就不復存
   在之前，願意讓它被討論多久的時間？
◆ 對於一個曾經非常重要的想法，在什麼情況下你願意悄
   悄把它淡忘？

29 持續觀察
Keep watch

　　隨時注意一些觀念和人事物相互關係的發展，是很值得的作法。

　　觀察會議中正在發生什麼，或者在一場談判中出現了多少不同勢力，你會有哪些收穫？透過觀察，我們能學到的東西並不少於實際行動。開會時，當你正在留意插話的恰當時機時，觀看他人的互動具有高度啟發性。所謂的持續觀察，包括了預期接下來會發生的事，以及如何給予最佳的詮釋。保持觀察心的關鍵，是隨時準備好接受意外的發展。

　　吉里安已經訓練自己能仔細觀察別人的肢體和情緒反應。當她小心翼翼地表達一個好主意，或者說得中規中矩時，都察覺得到那些反應。她會抓準時機推出一個建議，因為對於和她協商的組織來說，該建議能符合其重要目標。在某些時刻，吉里安會以非常清楚的提議切入對談，但是大部分時候她都是洗耳恭聽，並且準備好以謹慎的方式介入。

💡 思考提示

◆ 什麼因素會讓你仔細觀察會議的進行過程？

◆ 你和他人互動時，哪些因素會妨礙你保持觀察心？

◆ 想要介入對談的時候，什麼因素能幫助你抓準時機？

30 保持距離，以策安全

Know when to keep your distance

　　有時候，保持獨立很重要，這樣你才不會受到特定觀點的束縛。

　　你的觀點可能正好是某些人在尋求的，因此你會被視為支持某個提議。你可能是與某位同事結盟，而對方想要把你預設為支持他們所提倡的方法。你固然同意有迅速決定立場的需求，但是打定主意在還沒有充分考量證據之前，不願被迫接受某個尚未成熟的看法。

　　總是有許多個別的會員來遊說吉里安支持他們的目標，她經常被對方的案情說服，因而表示明確支持的立場。然而，在其他情況下，吉里安很清楚對方提出的訴求並不可取。此時，她會以明智而審慎的言語開始談論其個案，但不會投入個人的資源去支持她還沒有全然信服的個案。

🔅 思考提示

◆ 你能否避免讓他人把你和某個你不完全相信的特定觀點連結在一起？

◆ 假使你認為需要新證據才能徹底得知接下來該做什麼，能否避免過於堅持特定的觀點？

◆ 你能夠跟隨直覺來了解自己與特定方法的關聯程度嗎？

31 房間裡的大象
The elephant in the room

有時候問題過於難纏，以至於人們絕口不提。

　　一個團體可能會逐漸習慣在有障礙的情況下運作，甚至大家對障礙的存在心照不宣。所謂的障礙，可能是指個人的僵化成見、假設某個結果永遠不可能被接受，或是覺得某個財務問題已經病入膏肓。除非那個障礙被提出來並且加以處理，否則此團體將沒有進步的可能。

　　吉里安已經建立了名聲，大家都知道她是坦誠且高明的談判專家，她能謹慎地指出某個觀念或傳統想法正是阻礙進步的一大原因。吉里安養成了一個方法，能夠以穩健而敏銳的方式指出困難所在，供大家審慎處理。她的技巧在於不批評指責，而是針對障礙或壓抑因素就事論事，然後以開放的態度來討論取得進展的任何機會。

💡 **思考提示**

- 何時是反省哪些尚未被挑明的問題正影響著行為和決策的良好時機？
- 你如何吸引大家去關注影響眾人態度的潛規則？
- 在什麼情況下，最好的作法是繼續與障礙一起運作，因為目前仍不宜打破心照不宣的沉默？

32 言歸於好
Bury the hatchet

有時候，你必須放下意見分歧的不愉快，找到有助益的方式繼續前進。

你可能和同事之間發生嚴重的意見衝突。你覺得他們使用證據的方式不正確，已經損害了彼此的工作關係。你認為你的信任受到打擊，但也知道大家必須共事下去。怨恨無濟於事，更是工作的阻礙。你們應該繼續走下去，並且建立一種有益而進取的工作關係。你看出有幾個議題需要和同事共同應付。

吉里安承認，在某些場合，當管理階層無心聽她說話時，她應該強勢表達觀點。她的會員期望她能有清晰、直接且強力的態度。但吉里安也明白，她將要和管理階層持續交涉，與他們保持良好的關係是非常重要的，並清楚這必須止於專業關係。她必須把遭到扭曲或誤解的感受放到一邊。

💡 思考提示

◆ 假如你需要勇敢讓大家關注某個令人不快的真相，哪些因素對你有幫助？

◆ 使用重修舊好的言語，對你有多大的幫助？

◆ 你和某些人的立場存在根本性的差異，有什麼因素能協助你與他們建立正面的關係？

33 劃出底線
Draw the line

有時候，拒絕才是正確的回應。

當你不斷被推往某個方向，耐性可能會消磨殆盡，你需要斬釘截鐵地表示：你之所以在此，目的是爲了討論或協商。或許在某些議題上，你會被要求提出意見，而你不認爲對方所要求的表達方式公平反映了事實，於是相信，正確的作法是爲你在特定情況下的言論範圍劃出底線。

吉里安知道，她必須支持會員提出的主張。然而，有時候她覺得應該清楚地讓他們了解，某個主張太過空虛了，不值得向管理階層提出來。吉里安需要在管理者和部分仰賴管理者的員工雙方，建立她的信譽，讓他們都能認同一件事：假使吉里安認爲某個論點不成立，也缺乏事實基礎，她就會劃出清楚的底線。

💡 思考提示

◆ 假如你被迫採取某個你不同意的行動方案，如何堅守自己的立場？

◆ 有什麼因素能協助你平衡不同的觀點，同時忠於自己的立場？

◆ 假如你需要劃出底線，有什麼因素能幫助你應付整個情況？

34 勇於面對現實，接受不良的後果
Face the music

你需要接受自己對某個錯誤的責任，然後面對其後果。

你基於最大的善意而做了決策，盡可能謹慎地評估證據，但是事態的發展卻顯示無法達到想要的結果，你的表現不如大家的期待。或許是你過於躁進，抑或是未能將某個重要因素列入考量，要不然你的觀點會有所不同。坦然承認自己下的決定、犯的錯誤，也很清楚從中獲取的教訓，並接受接下來別人必定對你有所批評，明白這是人生常有的情況。

吉里安很清楚她的會員有時候比較情緒化。在某些情況，她覺得自己讓他們失望了。他們原以為應該得到某個結果才算公平，可是吉里安卻沒有做到。她認為隨之而來的批評只是在表現他們對於處境的沮喪情緒，不可以拿這些批評來衡量她能否勝任工作。然而，成為眾矢之的確實很不好受。

思考提示

◆ 眼看著事態的發展不如預期，你有多大的心胸願意負起責任？
◆ 假如你需要負責，有什麼因素能幫助你處理該情境？
◆ 假如眾人指責你失敗，你如何保持鎮定而不迷失自我？

35 不要浪費危機

Don't waste a crisis

危機發生時，改變也會加速。

當你身處於某個顯而易見的危機，一個永遠值得採用的作法，是稍微後退一步，冷靜思考眼前的局勢，以及在該危機造成的混亂中是否也創造了機會。以前的實踐方式如今已然發生了迅速的變化，這是當初難以想像的。所謂的危機，可能是指先前水火不容的人們必須坦誠對話，也可能代表一股新能量湧現，可以用來解決這個難如登天的困境。

危機讓吉里安樂在其中。她會快速思考且敏銳地抓住機會，知道何時能讓原本難纏的主管們共同合作。在特定領域的財政縮減，會讓管理者無可避免地必須針對重新部署人員以及潛在的冗員做出困難的決定。吉里安知道此時這些管理人員對於工作方式的改變會有較開放的態度，並將這些改變視為整體的協議或諒解的一部分。但對於危機狀況是否可能產生任何難題，吉里安也隨時提高警覺。

💡 **思考提示**

◆ 遭遇危機時，你如何騰出時間來思考該危機所開啓的機會？

◆ 發生危機時，最受關注的妥協是什麼？

◆ 你能否欣賞危機？

36 揭人瘡疤等於揭己之短
People in glass house should not throw stones

請注意不要在歸咎他人時發現自己也有相同的過失。

或許所有人都沒有做出一如預期的貢獻，卻認為都是因為某人才導致大家在某方面表現不佳。我們無視於自己也有相同的特徵，卻在他人身上挑三揀四。我們認為某人在會議中話太多了，但自己也想在每個項目上暢談高見。我們看不見自己如何惹怒別人，可是透過信任的人所給予的回饋，能夠讓人獲益良多，並因此更容易修改自己的介入行動。

在吉里安眼中，她的協商對象往往是冥頑不靈、心胸狹隘的。她喜歡把自己想成行為具有適應能力的最佳模範，在尋求解決之道時願意保持彈性。然而，她承認應該謹慎一點，不要隨便把別人說成「冥頑不靈、心胸狹隘」，因為相同的評語也可能適用在自己身上。為了緩和協商場合，她會保持開放的態度，以避免被當成冥頑不靈、心胸狹隘的人。

💡 思考提示

◆ 你在什麼情況下會批評別人犯了你也會犯的錯？

◆ 你如何獲取他人的回饋，以致在你可能表現出雙重標準時心裡有數？

◆ 你如何讓評論公正客觀，使其成為中立的觀察，而非純屬個人意見？

37 多聽少說
We have two ears and one mouth

聽得多而說得少，是值得的。

主動聆聽包含了聽取話語、觀察情緒及認出不同關注點之間潛在的交互作用。最優秀的領導者總是能夠做到一邊聆聽，一邊依據聽到的內容來改善自己的想法。他們會謹慎地遣詞用字，藉此推動對談以及獲取資訊和理解。我們帶著對他人的信任，透過洗耳恭聽來討論觀念，才能不斷精進理解。這其中的關鍵在於利用聆聽而聽見潛在的議題和情緒，而非一味地提出議題。

吉里安知道，在她與管理階層協商之前，需要先了解不同成員的種種觀點，才能確立自己的協商立場。她也需要仔細傾聽自己所要協商的管理階層的想法，才能理解關於輕重緩急方面有意識與無意識的信號。她努力將介入行動聚焦於重要的問題和擔憂，其目標是協助引導而不是主導討論。

💡 思考提示

◆ 你如何更主動地聆聽？
◆ 在什麼情況下，你會提問而非提出確切的看法？
◆ 你會如何提問而非提出確切的看法？

38 裝睡的人叫不醒 / 裝聾的人耳不聰

None so deaf as those who will not hear

對於決心不聽或是不願意考慮他人意見的人，你要特別提高警覺。

某位同事可能看起來像是在聽你講話，但是你懷疑對方聽進去了多少。你在說話時，他總是能適時點頭，而你試圖釐清他的反應到底是什麼意思。於是你打算問他，對於你所說的內容有何心得，如此一來就能知道自己得到的回覆是否為陳腔濫調，或者他跟你所表達的擔憂是否有交集。你在尋找彼此有共同興趣的時機點，同時靜待對方臉上的任何表情變化。

吉里安已經習慣了那些和她互動的人投來目不轉睛的表情或是客氣的微笑。吉里安知道她必須從共同的興趣開始談起，先建立融洽的氣氛和交流，然後才能進入特別想要對方聽見並考慮的正題。在每次會議之前，吉里安會反問自己：「我需要怎麼做，才能確保我表達的觀點能被聽見且願意考慮？」

思考提示

◆ 你如何分析對方確實在聽你說話而且是專注聆聽的？

◆ 對於你想交涉的人，有什麼因素能吸引對方的興趣？

◆ 有哪些你信任的人，能幫助你在複雜的場合中說話和聆聽？

39 心口相應
Connect brain to mouth

請慎防失言，不要說出違背本意的話。

有時候大腦很活躍，忙著建立大量的良好連結。但是，由於缺乏自信或機會，你的嘴巴一直緊閉著。有時候，我們想要弄清楚思緒，話語便淅瀝嘩啦、毫無章法地脫口而出。因此，需要先討論整個議題，才會知道大腦在想什麼。可是，在探討觀念的時候，必須小心發送出去的信號。有時候，需要先閉嘴，讓大腦處理完思考的工作後再開口。

吉里安了解，她所打交道的人往往需要先和她談上一段時間，對方的大腦和話語才能接得起來。吉里安也明白，當她想整理出對於某個議題的真正想法時，同樣可以應用這個技巧。那些能夠讓語言與思考保持一致的人，總是讓她印象深刻。

思考提示

- 在什麼情況下你需要一直談論才能釐清大腦的思路？
- 有時候你需要讓大腦的思考放慢，話語才跟得上。你如何辦到這一點？
- 假如某人的大腦和話語缺乏連結，你需要如何包容？

40 無風不起浪
No smoke without fire

發生騷亂時，務必找出原因。

有事出錯的時候，我們的反應可能是追究「罪魁禍首是誰」，然而，把某個問題的初始徵兆視爲整個企業的某處有瑕疵，這樣的預設是有風險的。隨著深入探討，我們或許會發現：某方面出差錯的預警，雖然可以做爲很有用的指標，但是造成問題的導火線未必就是根本的問題。

對於個別員工會員所提出的擔憂，吉里安一向都會嚴肅看待。他們的每一個意見都是事出有因，吉里安承認有時候該原因很重要，而其他情況則是出於隨機和偶然。吉里安知道她需要找到其他信任的人進行三方驗證，以判定是否發生了重大而且是根本的問題。

💡 思考提示

◆ 當問題的徵兆出現，你在評估原因時的心態有多開放？

◆ 在評估問題的原因之前，有什麼因素能阻止你妄下斷語？

◆ 當有人發現問題的徵兆時，你的風險是會太快還是太慢介入？

41 一朝被蛇咬，十年怕草繩
Once bitten twice shy

若是你發覺自己的原意被扭曲了，自然就會謹言慎行。

一開始你預設人人都值得信任，直到你的信任被破壞。有人利用你給的資料擴充他們的工作或是扭曲你說的話，使你感到受傷與失望。你變得對他們滿懷戒心，也更加小心自己所說的話以及和他們互動的方式。但這種作法是有風險的。這些人讓你感到失望，可是你需要繼續與他們互動，同時將自己被扭曲或利用的可能性降至最低。因此，你的風險在於可能退縮太多了。

關於哪些人的想法和承諾值得信任，而對哪些人必須特別謹慎，吉里安已經形成了自己的觀點。有時候，員工會員害怕告訴她全部的真相，管理者則是想保住地位並且將吉里安的影響最小化。當吉里安覺得自己的信任遭人踐踏時，需要的是將這件事當成依據，改變她和其他人的互動方式，而不是對他們的行為感到憤憤不平。

> ### 思考提示
> ◆ 如果有人扭曲你說的話，你會有什麼反應？
> ◆ 如果有人讓你失望，你如何確保以積極的方式繼續和對方互動？
> ◆ 在什麼情況下你會故意抽身而退，等待機會到來？

42 沉默即表示同意

Silence gives consent

請當心，不表示意見即有表示同意的風險。

如今的世界中電子郵件往返便捷，不表示意見就如同表示同意。我們往往需要與他人當面討論，才能了解對方的想法是否與自己一致；而且，我們需要藉此慢慢弄清楚他們的觀點能否爲我們喜歡的作法提供需要的資訊。任何團體都需要有個共同接受的方式，能讓大家表現保留的態度，或者要求更多一點時間思考及提出意見。

如果吉里安並未在當下有所回應，管理者往往會預設她支持他們接下來的作法。吉里安學會了一件事：關於她是否支持某個立場，以及是否需要更深入的證據和闡釋才能做出明確的決定，她需要謹慎注意其他人是否已經有了特定的看法。在會議到了尾聲時，她經常會總結自己同意的事項，同時指出需要針對哪些議題多想一想。她這麼做的目的，是避免被認爲沉默即表示同意。

💡 思考提示

◆ 在什麼情況下必須小心你的沉默會被解釋爲同意？

◆ 你如何設法培養理解能力，知道在什麼情況下決策已定，因此你對電子郵件已讀不回並不會被誤解？

◆ 如何不讓別人對你形成「你沒有立即回覆電子郵件即表示同意」的預設？

43 不必炒熱場子

Don't feel you have to fill the silence

保持安靜，讓你和其他人徹底思考問題，也是好事。

很少有情況會比大家一直說個沒完更令人不快。後果之一，是讓其他人感到無聊至極，或者覺得他們也必須加入談話並且占據同樣長的發言時間，於是眾人除了得到一場眾聲喧譁的會議以外，毫無進展可言。稱職的主席會讓會議進行的速度放慢下來，給大家有些許時間來思考及保持安靜。當我們在思考未來的措施時，安靜可以創造寶貴的時刻，使我們得以釐清思緒。

吉里安認識到安靜是她的談判方法中可貴的一部分。在焦慮不安的會議時刻，她知道自己的風險在於想要填補安靜。經年累月下來，她學會在表示意見或是提出問題之後留下空白，在等候其他人發言時給大家片刻的安靜。若是吉里安能使安靜的時間維持得夠久，讓大家覺得有必要找出前進的下一步，她的談判常常能獲得突破性的進展。

思考提示

- 當你保持安靜地等候其他人先發言，能表現得多自在？
- 在什麼情況下，你的靜默能讓你和互動對象之間獲得突破性的理解？
- 你如何培養出最佳的本能，知道何時是大聲表達意見的關鍵時機？

44 少說少錯
The least said the soonest mended

假如來自各方的情緒化反應過於激烈,「不予置評」有時候是明智之舉。

我們都看過這樣的情況:有些事與其在茶餘飯後拿來隨口說說,還不如別提起會更好。情緒化反應會激發更多情緒化反應,讓原本只是稍微不同意的事情一舉升級到水火不容。盛怒之下的言語一旦說出口便無法收回,對於關係所造成的傷害往往是長久的,令人追悔莫及。一時興起脫口而出的言語,也可能造成災難性的後果,遠遠超出你的意料之外。

吉里安覺得,為了維持長遠的工作關係,她需要不斷緩和自己的評語。在重要的協商過程中,她始終能堅定地朝向首要目標,也就是「獲得重大進展」。因此,她知道別人偶爾隨口說出的事可以提供參考,藉此看出對方的焦慮之所在。然而,這類事情很少是她必須立即回應的。她知道自己必須戰戰兢兢,別讓情緒化發言帶來悔不當初的影響。

💡 **思考提示**

◆ 你在憤怒的情況下如何自我克制?

◆ 當你認為自己想說的話理直氣壯、天經地義,有什麼因素能讓你三思而後言?

◆ 有什麼因素能使你專注於長遠的關係,而非特定的事件?

45 眞相將會水落石出
Truth will out

無論任何情況，眞相終究會浮現出來。

對於某個狀況，你察覺到自己尙未掌握所有證據。你盡力找出各方人士的不同觀點，至於眞相爲何，你暫時不願意妄下定論。你堅持一個信念：時間一久將會有更多證據逐漸顯現，讓人以合情合理的方式看見眞相。你必須接受目前仍不完整的資訊，相信你所做的決定將會被認可，大家會明白這是無法取得完整資訊的前提下，你所能做的最佳決策。

吉里安覺得她所代表的員工和管理者各說各話，以至於不斷接收到片面的眞相。她聽取已經難以控制的各種分歧和爭端，盡力專注於導致糾紛或尖銳衝突的關鍵事實。她已經練就一套調查方法，能夠區分事實和情緒。

💡 思考提示

- 關於哪裡出了差錯，你有多容易做到從證據而非感知開始著手？
- 無論遇到任何情況，你如何和他人建立夥伴關係，共同找出客觀的眞相？
- 關於某個問題的潛在原因，你在什麼情況下會有心胸狹隘的態度？

46 仁者見仁，智者見智
Truth has many dimensions

永遠都會有看待現實的多種不同方式。

某人以為的真實，是另一個人眼中的偏頗。我們是透過本身的經驗和個人化的參考框架來看世界的，對現實的感知帶有偏見，有時候這有助於專心去完成最迫切的事項。但是，過於單一的心態意味著對於其他看待現實的觀點非常無知。藉由與我們相異的觀點來看世界，永遠都是有益的作法。

吉里安很敏銳地察覺到：對某個人來說毋庸置疑的事實，在另一個人看來卻純屬臆測。員工眼中不證自明的真相，在管理者看來卻是一隅之見和個人觀點。她經常對會員說，務必要從管理者的角度看事情，因為他們是著眼於公司的未來。由於某些帶有強烈立場的人會受制於個人的狀況，吉里安很清楚自己在面對這些人時，必須盡可能保持輕鬆。

💡 思考提示

◆ 在處理問題時，你如何把別人和自己的觀點並列考慮？

◆ 遇到棘手的談判時，有誰能幫助你理解不同的認知？

◆ 在什麼情況下你會相信真相只有一個？

47 冷眼看激情
Watch getting steamed up

　　對某個議題有強烈感受時，能賦予我們動力，卻可能扭曲我們的判斷。

　　當我們對某個議題的感受很強烈，卻得不到別人的重視，就會有沮喪的情緒在內心累積。我們想要透過言語或文字宣洩對於這件事的失望，其風險在於只是表達了憤怒而非理解，只想強勢施壓而非提出合理的要求。義憤填膺有助於堅定改革的決心，但重要的是如何使這樣的憤怒集中，才能讓我們的遣詞用字產生最大的影響力。

　　當吉里安親眼目睹自己被嚴重誤解或操弄時，會覺得整個人都被沮喪吞噬了。破壞性的行為會使善意蕩然無存，她知道在沮喪的時刻必須讓自己後退一步，審慎思考如何做好介入行動。她了解自己在眾多管理者的心中已有相當的分量，足以影響他們改變心意。她知道可以把遭受不公待遇的經歷當作動力，不過在她刻意這麼做的時候，需要約束自己的失望情緒以及其他員工的憤怒。

💡 **思考提示**

◆ 你能不能對自己的內在溫度計保持觀察？

◆ 假如你感到被激怒，如何對自己的反應保持自制？

◆ 有誰是你願意坦白沮喪情緒並且能幫助你舒緩心情？

48 避免冷淡待人
Be mindful if you are giving the cold shoulder

我們可能在無意間對人傳送了負面訊息。

長期下來，我們對於如何在不同情境下與他人互動，已經養成了自己的節奏。我們可能會因為專注於特定的議題而脫離這樣的節奏，同時沒有意識到我們在應對方式上的改變被身旁的人誤會了，使他們感到被排斥與輕視。處理這種狀況的關鍵，在於設法和不同人員保持務實的互動節奏，並且說明我們為何專注在當前最重要的面向。

吉里安很清楚她是在平衡眾多會員的利益，他們想要占用她更多時間，遠超過她所能合理付出的。如果她未能立即回覆對方的電子郵件，他們很容易就會覺得自己關心的事項被否定了。吉里安必須慎重說明在什麼情況下大家能找到她，還有假使她已讀不回也不要覺得被冷落了。

◯̣- 思考提示

◆ 你如何在接待別人以及專心處理自己的要務之間，有效維持平衡？

◆ 在什麼情況下，你可能會表現得像是忽視了別人？

◆ 你必須專注於其他事情的時候，有什麼因素能幫助你向別人保證，你仍然關心他們的事務？

49 坐而言不如起而行
Actions speak louder than words

實際的支持行動比空洞乏味的言語更讓人印象深刻。

友善的行為可能看似出於偶然，卻往往會被人牢記在心。當你有家務纏身或是被各種急迫的工作壓得喘不過氣時，卻願意承擔他人的工作，將會讓對方銘感五內。這類支持行為有助於建立你的聲譽。如果和你意見相左的主要同事不在場，你便採取行動阻止某件事達成協議，這樣的行為能充分說明你對公平的信念。派出你的團隊去支援另一個正遭遇艱難狀況的團隊，遠遠勝過口頭上表示對方正承受龐大的壓力。

無論是書面或口語，吉里安一向能言善道。她以流利的口才在近幾年影響了許多管理者。她總是善於說服並影響別人，然而她的影響力卻是根植於眾多微小的友善行為。她能看出別人正在辛苦掙扎，需要有人支援。她也會大方邀情別人喝一杯咖啡並且送上小禮物。她知道何時應該伸出援手，幫助有需要的人度過難關。

思考提示

◆ 你在何時曾經被微小的友善行為感動，因而影響你對別人的態度？

◆ 在什麼情況下行動比言語更能影響別人？

◆ 在下星期你可能會做出哪些友善的行為？

50 閃閃發亮的未必是黃金

All that glitters is not gold

前方那條明顯充滿吸引力的道路，未必會如一開始預期的那麼有利。

有一位同事主張某個方法並強力歌頌它的利益，他的熱情讓你對那個方法變得很感興趣。他的說詞十分動人，於是你想要獲得他所說的成果。但你提醒自己：那樣的成果可能不像同事所暗示的那麼直接了當。你被那些可能性吸引了，願意認真看待這件事。但是，你同意有時候必須讓熱情稍微冷卻一下，直到達成理想結果的道路變得更清晰之後再說。

當雇主宣告正在提倡一套新的員工福利方案，而它將會對員工的工作經驗帶來重大改變時，吉里安一開始所持的是懷疑的態度。她知道必須超越那些華麗的說詞，檢視提案的真實內容。她不會被花言巧語迷惑，但同時也認可管理階層關於員工福利的正面說詞。她會認真檢視這些承諾是否與實際的結果相符。

💡 思考提示

◆ 假如某個提議看起來好到不可置信，有什麼因素能幫助你冷靜？

◆ 你如何保持對某個主張的熱情，同時又能檢驗該提案是否夠扎實？

◆ 在什麼情況下你會有高估某個特定途徑的吸引力的風險？

51 種瓜得瓜，種豆得豆

As you sow so shall you reap

我們的行為永遠都會有不容忽視的後果。

我們所說的話、所做的事，大部分都會有其後果。當我們建議某個想法，它將會影響其他人，哪怕影響的程度只是讓他們更堅信下一步偏好的作法。假使我們播下不和諧的種子，它可能會逐漸演變成重大的歧異。反之，如果我們投入同情心，它會使別人的同情心變得合情合理。我們對別人所表現的言行，往往會導致同事也在我們面前表現相同的言行。

吉里安知道她所散發的沮喪會讓對方展現更巨大的沮喪，然而，假如她表示有意合作共事，所交涉的對象很有可能複製她的作法。吉里安注意到，自己能藉由表達的語氣形成強大的影響力，因為許多人會模仿她的作風。她會掌握時機來暗示讓步的意願，以及何時該刻意堅持己見，因為她知道其他人可能會有善意的回應。

💡 思考提示

◆ 在你想要散播觀念時，你的態度有多深思熟慮？

◆ 在觀察你散播的那些觀念已經發芽、茁壯時，有什麼因素能幫助你保持耐性？

◆ 你有多快看出別人為了你的益處而重新散播觀念？

52 親不敬，熟生蔑
Watch if familiarity breeds contempt

請注意，開放的態度可能適得其反。

我們都需要有人可以分擔最深的憂慮。我們向信任的同事細說從頭，有助於解決憂慮和壓抑。然而，這種個人化的開誠布公是有風險的，因為別人會看見我們的失敗，當我們在操弄情境或濫用權威時，也更容易被發現。有一件事值得你注意：如果有人因為你透露弱點和徬徨而不尊重你，就應該小心有這種人在場的情況。

吉里安能看出她所面對的某些管理者想要和她建立友善的關係。她很謹言慎行，知道自己正在處理的問題能攤開多少，而且也不願意觸及特定的焦慮。吉里安希望彼此的關係能保持在專業層級，如果有某位管理者訴說了過多的猶豫和不確定之處，可能會讓她對這位管理者所提出的論點無法抱持應有的嚴肅態度。

思考提示

◆ 你如何使關係保持專業且融洽，又不會變得過度熟悉？

◆ 在什麼情況下你不再尊重互動的對象？

◆ 在什麼情況下失去尊重會導致矛盾衝突？

53 巧婦難爲無米之炊

You can't make a silk purse out of a sow's ear

有時候你需要承認自己缺乏證據來達成完善的提案。

你想找出下一步該怎麼做，可是資料基礎還不夠強大，只有態度問卷調查的一些結果，以及各種堅定的觀點。如果未能提出精確且周全的選項，必定會遭受批評。你必須承認，能做的只是根據有限的證據而提出一些假設。有些人指望你提供明確的解決方案，你勢必會讓他們失望。這一點是你必須接受的。

吉里安知道，假如她想在某個爭議上說服管理階層，就需要有憑有據，而不是只有對於各種可能性的道聽塗說。除非能彙整更好的證據，否則她不會和管理階層爭論，因爲那麼做毫無意義。但吉里安的作法令會員感到失望，因爲他們總是希望吉里安能將眾人的願望轉化爲令人信服的論述。

> 💡 **思考提示**
>
> ◆ 在什麼情況下，你需要接受手中的資料基礎無法爲你支持的方法提供適當的理由？
> ◆ 在什麼情況下，你會停止彙整那些自己並不相信的案件？
> ◆ 假如手上的證據缺乏說服力，你有多大的意願接受別人對你的失望？

PART 3

附加價值

Value-added

54 先馳得點，捷足先登
A foot in the door

進行初步介入，代表你的觀點更有可能被列入考慮。

有時候討論進行得很順暢，你不確定如何才能切入快速往來的對話。或許可以問個問題，或是引申某人的論點。你可能會覺得自己被排擠在外，而且變得焦慮不安。你知道自己得逮住一個機會來發表評語，證明有參與討論。你希望自己的意見有用，要不然很有可能被拒於門外。

威廉知道現在的他顯得有點焦慮、拿不定主意，最後的結果是他可能會被忽視。威廉並不想要主導對話，但是他旁觀的時間太久了。當對話正在全速進行，他知道此刻唯一需要做的，是針對某個決策的可能後果發表意見。他必須確保大家能認可他的評論對於討論有不容忽視的貢獻。

思考提示

◆ 假如你覺得自己可能被忽視，哪一種型態的介入對你最有效？

◆ 你如何旁觀到介入的恰當時機已經出現？

◆ 當介入的正確時刻到來，在什麼情況下焦慮會讓你裹足不前？

55 罐子裡的第一顆石頭
The first rocks in the jar

當你決定了第一件優先事項，還能安排多少其他活動就很清楚了。

如果需要選擇時間和資源的使用方式，那麼先思考你的主要任務有哪些，對你會有幫助。只要這些任務的範圍界定好了，那麼還剩下多少時間與資源可供其他活動使用，就會變得清楚許多。假如我們一開始就投入各式各樣的活動，會限制了重要工作和個人優先事項所能分配到的時間和資源。這是一個永遠存在的風險。

威廉喜歡和同事聊天，藉由與他們保持接觸來建立友好關係。但威廉從過去的經驗得知，他必須訓練自己反躬自省：「別人會依據哪些主要活動來評估我？我能在何處貢獻最大的價值？」這些問題能幫助他優先專注於主要活動，而當他需要中斷這些核心活動，就會把時間用在非正式的交談上。

💡 **思考提示**

◆ 每個月剛開始的時候，你的規畫會不會先把正確的石頭放進罐子？

◆ 你如何確保自己所專注的任務，是你能增加的最大價值？

◆ 有些活動雖有價值，但是它們與你最關注的重點比起來只是其次，你如何限制這些活動的時間？

56 房子要建在岩石而非沙子上
Build on rock and not on sand

你要在哪一個堅實的基地，才能建立穩固的基礎？

思考一下你想依賴的基礎有多穩固，是一件永遠值得做的事。關於人們在不同情境下會如何反應，或許你有必要重新評估自己的假設。以往的行為模式不一定會被複製，你需要依據現今而非過時的證據，來確定你的提案最可能產生的反應。你對財務的假設是離譜或是健全的？重要人士認為你的假設是合理的，還是任性且與證據不一致的？

在評估潛在事實方面，威廉具有獨到的眼力。若是有某個建議與證據基礎不合，他會直言不諱，即使因此不受同事歡迎也無所謂。向執行團隊提出建議之前，他會孜孜不倦地整理重要事實。他從先前的經驗得知，如果自己的分析不夠穩健，將無法得到同事的認同。

思考提示

- 你如何判斷自己是在岩石還是沙灘上蓋房子？
- 關於你所建議的未來工作，如何評估它的基礎是否堅固？
- 如果你的論點只是建立在有限的基礎之上，你願意承認自己的不足嗎？

57 克服重重阻礙

The hoop you have to jump through

有時候，歷經批准機制層層審核是無法避免的。

仔細清點計畫在一開始需要蓋多少個章，往往會讓人感到氣餒甚至灰心。然而，一旦推出了前瞻計畫，對於需要準備怎樣的論點才能通過一系列必要的審核，你一定會有最佳判斷，隨後即可目睹計畫獲得一步又一步的進展。這一切活動看似無聊且多此一舉，可是，定義你的論點以便有條理地解釋給別人聽，是非常有價值的過程。

威廉從長遠的觀點為領導專案提出建言。他認同從審核到批准的冗長過程或許令人感到沮喪，但是他認為：當我們必須提出清晰的論述，並交由其他單位從不同的角度詳細檢視，對我們是有好處的。依威廉之見，只要我們心無旁騖地專注在行動的目的，以及將來所能產生的利益，那麼經歷核准或評審的過程絕非浪費時間。

💡 思考提示

- ◆ 有什麼因素能讓你將必要的審核過程視為闡明理由的大好機會？
- ◆ 你能不能將克服重重阻礙當作建立嚴謹論述的必經過程？
- ◆ 假使審核過程變得非常官僚化，你會因此望而卻步嗎？

58 進三步退兩步
Three steps forward and two steps back

追求進步時，需要先鞏固已有的進展，才能繼續前進。

我們可能認為自己已經在某個爭議中勝出，別人都贊同我們的提議。但是，隨著計畫逐漸有所斬獲，卻發覺有人在扯後腿，以至於在某些方面倒退。我們注意到自己處於守勢，試圖保護已經取得的進展。但當我們意識到，有時候進步的過程之一是在向前躍進之後遇到反彈，整體上還是有所進展，心態就會變得豁達。

威廉以為他已經成功說服同事，認可某個行動方案的益處。但在接下來幾週，懷疑的聲浪卻慢慢升高，某些利益也不像一開始所想像的那麼具有吸引力。威廉覺得自己被迫退讓，但是他看出整體而言還是有點進展，因為他改變了大家的態度，願意支持那個特定的行動方案。他知道必須針對未來而重新組合及制定自己的計畫。

> 💡 **思考提示**
>
> ◆ 所謂的進步，有時候是進三步退兩步，你對這樣的現實能保持豁達嗎？
>
> ◆ 遇到反彈時，有什麼因素能幫助你辨識那是基於證據或是情緒化？
>
> ◆ 你如何表達完善的主張，進而降低反彈情況得逞的機率？

59 烏龜慢走更快抵達
Go slow to go fast

有時候我們需要耐心等待。

我們觀察到，雖然有些動物移動緩慢，但是牠能把握機會飛撲而上，一舉捕獲獵物。我們或許會覺得自己已經找到了理想的解決方案，想要盡早提出來說服大家。但有時候在擘畫未來的途徑之前，必須先等到其他人都筋疲力盡。我們需要耐心等候時機到來，也就是其他人聽得進我們的意見，不會否定這些想法。我們必須對自己與他人態度堅定，而耐心是長遠成功的關鍵，只要時機對了，就會採取行動。

威廉是一名資深公務員，曾經與各式各樣的內閣官員共事，他看得出何時是恰當的時機，可以提出不討喜的建議。目前，各項資源的使用方式無法達到最需要的成果，而威廉有證據可支持具有相對高成本效益的方法，可是他知道部長們已經習慣特定的運作模式。因此，他要小心看準時機，才能提出變更資金安排方式的論點。

💡 **思考提示**

◆ 在何種情況下，你會說「現在正是採取行動的時機」？

◆ 你如何保持耐性，潛移默化地爭取別人的支持？

◆ 有什麼因素會導致你一時衝動而倉促做下決定？

60 許願需謹慎
Be careful what you wish for

我們希望有人會採取下一步行動，卻在之後才發現自己必須對他們的行動負責。

我們渴望有機會影響重要決策。我們喜歡在輕重緩急事項的安排上擁有選擇的彈性，自信能比目前的承辦人更具有取捨的效率。當我們看見了變革的需要，一個可能會有幫助的作法，是想像我們正處於有能力影響當下行動的場合，然後判斷是否樂於承擔決策的職責。

威廉經常對部長們的決策感到失望，有時候會在心裡批評同事說服部長採取必要行動的能力。後來，威廉受命去主持一項大型緊急專案，工作內容包括定期和部長交談。現在他不能再抱怨那些給部長的建議了，因為他此刻的立場完全翻轉，正是那個負責提出建議的角色。他曾經表示想要獲得的職務，已經分毫不差地如願以償。

💡 **思考提示**

◆ 當你不滿某些人目前的工作，有多樂意接手來做？
◆ 降臨到你身上的機會或許會超出目前的想像，你對這樣的可能性抱持多開放的心態？
◆ 有什麼因素能阻止你許下目前還承受不起的願望？

61 掌舵而非划槳
Steering not rowing

每一次探險都需要成功掌舵。

船隻需要成功掌舵才能抵達目的地，這就表示有時候必須微調航行的方向，有時候更要徹底改變航道。有效的掌舵全靠前瞻的眼光，能夠看見潛在的障礙，並且辨識出最有效率的航行路線。能穩健且持之以恆地划槳，是船隻保持前進的必要條件。然而，若是缺乏睿智的舵手，划槳的工夫有可能只是白費力氣。當眾人為了創造企業的未來而盡心盡力，謹慎掌舵所帶來的附加價值在於讓他們的貢獻達到最大的影響。

威廉需要不斷自我提醒：他的角色是掌舵而非划槳。他擁有許多自動自發的員工，願意為公司的成功效命。他們得面對從四面八方凶猛撲來的種種批評，都需要威廉來領航，帶領他們行過波濤洶湧的惡水。他們的處境就像是經常有外來勢力想要將團隊逼往錯誤的方向，而威廉的職責是必須為航程小心掌舵，確保團隊能夠一路有進無退。

💡 思考提示

◆ 你有多樂意把划槳的工作留給別人，而你則保持專注，為團隊的前進掌舵？

◆ 有什麼因素能幫助你在惡劣的處境下掌穩方向盤？

◆ 在槳手和舵手之間，哪一類型的溝通方式最有效？

62 全副武裝上陣
Armed to the teeth

事前充分準備能提高成功的機率。

經驗或許已經教過我們，必須事先為遭受批評做好萬全的準備，這麼一來，當別人指責我們未能對問題考慮周詳時，我們才不會變得帶有戒心。我們必須準備好應付各種攻擊，有的是來自看得見的前方，有時候是來自側翼或是背後，神不知鬼不覺地中傷我們。當我們處於受關注的地位，容易招來對立的主張，以及評論家、所謂中立理性團體或是支持者無休無止的回應。假使我們能對此胸有成竹，即可避免被那些扯後腿的回應弄得不知所措。

威廉從過去慘痛的經驗學會一件事：在出席國會的委員會之前，必須先做好妥善的準備。他需要從不同的角度思考對方可能提出的議題。他也知道，如果在委員會裡簡報本部門專案的表現無法讓組織內的同事滿意，那麼他還需要準備好應付這些同事。威廉坦然面對現實，他得準備回應一大堆問題，而其中大部分都是永遠不會被問到的。

💡 思考提示

◆ 你如何為可能遇到的激烈反彈做好準備？

◆ 過度準備可以讓你不覺得壓力太大，但是這麼做會有哪些風險？

◆ 對於反對者以及所謂的支持者可能提出的批評，你如何預先做準備？

63 英勇的王者之心
Lion-hearted

有時候大家需要的是有魄力的人。

當情況已經失序很長一段時間，必須有人大膽站出來控制場面，同時能清楚知道組織需要的成果是什麼，以及應該採取怎樣的行動才能達成目標。然後，憑藉這一份理解，重塑大家的主張，形成有條理的論述。此時，需要出現一位領導者，他具有冒險精神，而且願意為了行動方案賭上個人的聲譽。有時候，這樣的責任會落在你的肩上，你必須坦率、勇敢，成為眾人仰望的對象，為組織提出下一步的作法。

有位同事的行事作風和目中無人的行為激怒了大家，沒有人自願去和對方進行艱難的對談。威廉自告奮勇承擔這個棘手的任務，即使可能成為無數批評和怨恨的目標，他也在所不惜。威廉為這場難纏的對談做好了準備，必須勇往直前。透過對談，對方逐漸明白自己長久以來的行為多麼讓人不悅，也承諾會努力改變。威廉和同事都等著看對方能否說話算話。

思考提示

◆ 你在什麼情況下必須大膽行動，冒著聲譽受損的風險？
◆ 假如你必須當團隊的烏鴉，講不討喜的話，你如何建立盟友？
◆ 在什麼情況下，大膽行動會變成魯莽衝動？

64 等待雲消霧散／等待良機
Wait till the clouds roll by

你需要給憂鬱一點時間，讓它成為歷史。

在長途旅行時，你會希望頭上的烏雲盡快散去。有時候，烏雲依舊密布，有增無減，你只好耐心等待。最後，你終於見到了烏雲的盡頭，而且有一道陽光傾洩而下。隨著烏雲消散殆盡，此刻不僅值得慶賀，我們也因此看得見先前被陰影掩蓋的風光。現在正是激勵眾人的大好時機，讓大家都能眺望遠處的目標，那是曾經被遮蔽而看似不可能企及的成果。

威廉在每一次對談中都試圖融入開朗的作風。有時候氣氛顯得陰鬱、悲觀時，他並不想表現出虛假的樂觀，因為他知道這麼做無濟於事。但是，對於未來，他總是抱持希望和各種可能性。藉由以往的經驗，他不斷提醒同事們，世上沒有不會結束的暴風雨。隨著黑暗時期過去，以及進步的徵兆開始浮現，他們就會看到前進的願景。

思考提示

◆ 最近有哪些烏雲密布的情況已經成為過去？
◆ 其他人如何看待你應付黑暗時期的方法？
◆ 假如烏雲散去，大家會需要你的清楚指引，你如何為這樣的時刻做好準備？

65 鳶飛戾天，俯仰自如
Soaring and swooping like an eagle

從高處俯視有助於判斷何時應該出手。

在鄉下，一般住家附近的小路上經常看得到紅色的鳶，牠們平時在天空中優遊自在地翱翔，發現獵物時卻能迅速俯衝去追捕。當牠們逡巡盤旋時，對於下方的一動一靜仍保持密切注意，一旦有機會便採取行動。當我們身為局中人，有時候上上之策是先從更高遠的角度了解現狀，然後注意何時應以行動介入，何時則應冷眼旁觀。

威廉很清楚有些員工想要培養獨立思考的權利，不願意經常被他介入。威廉知道稍微收斂一點是個不錯的作法，能幫助員工養成自信和決斷的能力。不過，他對於事情的發展狀況總是能保持關注，並且慎重思考何時應該介入。他不會放棄確保行動能夠成功的責任，至於何時應該提出意見，他的態度是有選擇性的。

思考提示

◆ 有什麼因素可以幫助你從高處思考問題，看出它與其他事物更廣泛的關係？
◆ 你如何判斷何時應在高處俯視，何時應介入？
◆ 關於強勢介入後的撤退方式，你的選擇性有多大？？

66 有備無患

Keep your powder dry

妥善利用你的證據，讓它們發揮最大的影響力。

或許你掌握了一件重要的證據，可是你知道這項資訊的使用必須經過妥當安排，才能產生最大的作用。太早提出來，可能會乏人問津；若是介入的時間點太晚，也許會錯過改變方向的大好機會。你精挑細選揭露資訊的方式，希望大家聽得進去，而且認為它有所幫助。當眾人處於形勢不明的狀態時，你的意見會十分寶貴。然而，若是事情的進展非常行雲流水，你的介入或許會被認為是在挑釁而遭到否決。

威廉有了新資訊，足以讓政策改弦更張。但他的困擾在於不知道是否應該現在就透露，還是先按兵不動，等到可加強原始資料的進一步資訊出現時再說出來。他知道自己的主張必須條理井然、有憑有據。然而，他也知道若是沒有趁早把情報提出來，可能會被當作城府太深、心術不正的人。

💡 **思考提示**

◆ 在什麼情況下，即使你對資訊只有五成的把握，也會傾向於一鼓作氣提出來？

◆ 有什麼因素能幫助你在應用新證據時態度謹慎？

◆ 假如你想要介入，有什麼因素能幫助你停止拖延？

67 防患於未然
Nip in the bud

　　有遠見的人，通常對於近在眼前的事物也會有比較好的判斷力。

　　遇到必須迅速採取行動的需求時，審慎的判斷力不可或缺，也就是能分辨哪些構想應該持續推行，而哪些想法則是一經提出就應該當場否決。對於輕重緩急具有清楚意識的人，能夠從眾多看似毫無差異的想法中，篩選出良好的點子。在某些情況下，應該先讓構想發芽並深入探索，才能評估它是否具有價值。為了避免招致心胸狹隘的批評，關鍵在於有能力闡釋某個想法為何會被直接駁回。

　　威廉正和一位點子王部長共事。威廉明白他的員工無法應付這位部長提出來的繁雜構想，他也清楚自己必須保持心胸開放，和部長一起訂出這些構想的優先次序，找出哪些應該先執行，而哪些應該先擱置。威廉表現幽默的能力，對部長提出的繁雜構想大開玩笑，並且在兩人合力之下，決定了哪些構想應該繼續往下一階段推行。

💡 思考提示

◆ 有人產生新的構想，你天生的態度是傾向於深入探索還是直接否定？

◆ 如果有幾個不同的想法都獲得強烈支持，你如何決定它們的輕重緩急？

◆ 假如你必須優先處理某些構想而否決其他想法，你採用的理由會是什麼？

68 早起的鳥兒有蟲吃

The early bird catches the worm

　　願意在新構想與機會剛形成的初期就深入探索，比較不會白費心血。

　　不斷追求發現新趨勢，以及辨識出哪裡有新機會，都是對你很有幫助的。如何開創新市場？新科技如何代表更大範圍的創新思考？與哪些意見領袖或是創意人往來對你有益，能讓你對於新可能性大開眼界，而且在早期階段就促成探索行動？

　　威廉曾經和政府的多位部長共事過，讓他學到了重要的一課：假如他們在辦公室內開始侃侃而談各種構想，他必須全神貫注，洗耳恭聽，才能了解他們的喜好及傾向爲何。早期的開放式對談總是能讓他清楚知道如何與對方建立最好的合作關係、參與他們的想像，並且打造穩固的信譽和尊重。如果遇到出乎意料的事，威廉知道他必須從早期就和部長站在一起，如此一來他們才能同舟共濟解決問題，而非各自孤軍奮戰。

💡 **思考提示**

◆ 盡可能在最早階段聆聽關於現況的說法，可以帶給你新的洞見嗎？

◆ 全面掃瞄新問題或機會，永遠不會白費力氣嗎？

◆ 對於有哪些新項目出現在別人的前瞻議程中感到好奇，能帶給你寶貴的情報嗎？

69 打鐵趁熱

Strike while the iron is hot

有時候你需要盡可能利用眼前的機會。

　　當一場交談走到只剩下行禮如儀，或者對話已經卡關，場面可能會出現充滿不確定性或陷入一片死寂的時刻。此時你可以介入，使對談獲得最大的效果。你可以提出準確的總結，或是以簡潔扼要、堅定自信的方式，表達清晰可見的未來發展方向。你可能將這場對談的氣氛從悲觀沮喪逆轉為樂觀而積極。這其中的關鍵是使用具有前瞻意味、能促進想像力的詞句，而且你的談吐必須看起來像是對自己的話深信不疑、手上也握有可靠的證據能支持你的提議。

　　威廉知道，與他合作的部長在某個倡議上未能得到同黨同志的支持，部長因此備受打擊。威廉安慰部長並決定主張另一個變更提案，它能符合部長關心的大部分事項，而且更能獲得部長同志的支持。威廉慎選介入的時機，部長在表達了某些不悅之後，終於提出新的作法，而那個作法主要是根據威廉的提議。

💡 思考提示

◆ 你會做好準備，在時機出現時一舉掌握嗎？

◆ 當機會降臨，你的態度會清楚而直接了當，沒有絲毫遲疑嗎？

◆ 一旦你提出明確的主張而且不被拖延，是否會有令人驚訝的發展？

70 維持蓬勃發展

Keep the pot boiling

有時候你必須確保處理某個領域的創造性力量，能維持下去且不會被浪費。

關於某個議題的對談已經進行得十分順利，但是有其他事情正吸引大家的注意力。你使出混合鼓勵、奉承和實際獎勵的招式，讓大家能專注在前瞻性思考，以及詳盡探討不同的解決方案。你應用自己的方法時，鐵面無私且訓練有素，同時又能敏銳察覺眾人對於你主導的對談有何情緒反應。

威廉知道部長不願意放棄某個主張。但威廉覺得這個領域的直屬部下被其他優先事項壓得喘不過氣，沒有意願產生新構想。威廉知道應該用鼓勵的方式與員工談話，同時很清楚自己的期望是什麼：他必須在二到三週內向部長提出幾個令人激動的新計畫。威廉激發了一系列對談，而且明確地堅守某個議題，直到向部長提交了清楚的計畫為止。

💡 思考提示

◆ 在什麼情況下，你需要勇於確保大家能在某個重要議題上保持專注？

◆ 若是有人想要轉移對某個問題的注意力，你如何採取最好的回應？

◆ 有什麼因素會讓你果斷接受自己的名譽受損？

71 當機立斷
Take the bull by the horns

有時候你必須以鐵腕應付難題。

在處理某個議題時，你需要設法前進，但有幾項因素會阻礙進展，例如：因為缺乏進展而感到失望、參與者覺得無聊、造成干擾的瑣事，以及其他明顯更需要行動的優先事項。有時候你必須冷酷無情，才能確保對談能夠持續下去。

目前組織需要在某個部分找到節約方式，但是沒有人打算去找，潛在的理由是因為大家都假設這個問題最終會自動解決。威廉選擇恰當的時機把大家集合起來，向大家確認並講解目前已經取得的進展。接下來，他鼓勵眾人分享新想法，也三令五申針對這個問題的努力必須繼續進行下去，直到找出解決辦法。團隊成員在威廉的談話中認知到實情，因此都願意用心找出未來的作法。

💡 思考提示
- ◆ 面對某個讓人痛苦的議題，你如何確保能果斷處理？
- ◆ 發生需要處理的問題時，你如何不感到無聊或是逃避？
- ◆ 假如對話的參與者想要離席，你如何讓對話持續進行？

72 人人平等
A cat may look at a king

無論你有多資淺，都能觀察領導者並從中學習。

我們都是不停地透過觀察以及與人互動而學習，有時是投以讚賞的眼神，有時則是抱持懷疑的態度。我們需要具備鑑別的眼光，才能判斷誰的觀點可信、誰的觀點可疑。無論對方是多麼重要的人物，關於他們對別人及我們有何影響，我們都應保持敏銳的判斷力。對於別人是否實踐了自己的價值，或者達成了所追求的影響力，我們在判斷時應該清楚知道自己的標準何在，而且知道這些標準可能模糊了我們的觀點。

威廉覺得很榮幸，能夠和內閣官員定期聯繫。他們的敏捷思考令威廉印象深刻，但是他們固執於特定的表現形式這一點，又讓他很在意。因此，他養成了兼具尊敬和警惕的混合態度，知道自己在這些部長之間的風評，只等於他最後一次代表他們而介入時的表現。

💡 思考提示

◆ 你如何客觀地觀察領導者，不會因為支持或反對他們而產生偏見？

◆ 有什麼因素能幫助我們打開眼界，在領導者身上看見以前看不到的本領？

◆ 有什麼因素會讓我們對領導者感到震驚，以至於對他們的缺失視而不見？

73 把握良機
Make hay while the sun shines

有時候我們能取得長足進步，那就放手去做吧！

我們可能會發現自己贊同當前的領導者。某個活動可能在我們的監視下進展順利，而自己的信用和權威正如日中天。我們啟動了一個提議，一切方興未艾。有一股力量正朝著正確的方向運作，而且我們能加強這股力量。我們需要承認目前是大有斬獲的時刻，也知道自己不會永遠都這麼如魚得水。我們會獲得新的勝利，而環境可能有所變化。

威廉協助部長使某個作法更加細膩，而且運作良好。威廉注意到此刻有不少向他釋放的善意，現在正是大好時機，可以讓幾個停滯不前的議題獲致結論。他明白機會就在眼前，必須毫不遲疑地緊緊抓住。

💡 思考提示

◆ 假如你的方法獲得支持，你是否願意承認並思考如何善用這個情勢？

◆ 如果你發現別人對你抱有善意，是否準備好讓沒有進展的議題浮上檯面？

◆ 你的影響力和權威可能超出當下的理解，這時候你能否別過度退縮？

74 得心應手的訣竅
Know the ropes

務必知道你的運作範圍有多大，並且了解組織內部的做事方法。

或許你覺得自己做事非常有彈性，而且能推動許多不同的構想。但是，「可接受」和「陷阱」之間的界限何在？當你想要突破界限時，應該去了解大家對於公認的做事方法有何預設，如此一來，你才能審慎判斷什麼時候要依照公認的規範做事，什麼時候可以打破界限，並看看你能對做事方法激發多大的改變。

由於威廉已經為政府工作了數十年，他了解哪些做事方法最有效。然而，他想把自己和別人推出舒適圈，讓大家對於工作方式更有創意。他知道需要先培養一些會支持他嘗試新方法的擁護者。他一點一滴改變了人們的觀點，使其更樂意試用創新的方法。

💡 思考提示

◆ 你有多了解組織成員對於公認的做事方法有何預設？

◆ 你如何改變大家對於不同工作方式的認知？

◆ 針對推動新工作方式而言，為了協助他人突破界限，你能付出多少代價來成為大家的榜樣？

75 聊勝於無
Half a loaf is better than none

或許進步的幅度有限，但至少前進了一些。

我們已經確立了目標是要贏得新方法的支持者，也接受只有部分受到支持的情況。當我們取得一些進展時，最初的反應是失望而非滿意。但我們需要設法消除失望的心情，進而承認已經取得的進步，以及有了奠定未來工作的新基礎。

威廉企圖說服部長能直接和更多職員互動。他的論點是：職員是處理特定主題的人，若是部長與他們直接互動，可以聽取他們的想法，不需要透過中間人傳話。一開始，威廉對進步的情形感到失望，但是他承認部長的作法已經有些許改變。威廉的結論是：他需要逐步推進，並且肯定部長已經達到的進展，不再過度失望。

💡 思考提示

◆ 假如你的進步情形僅有預期目標的一半，有什麼因素能使你對此感到滿意？

◆ 你如何建立抱負，讓你在進展到一半時也會將之視為巨大的成就？

◆ 在什麼情況下你應該對部分進步感到失望？

76 風水輪流轉

Fortune knocks once on every door

有時候你會遇到意想不到的機會，那就接受吧！

或許有一系列不同的決定都不如你意，你認為自己的工作死氣沉沉。但是，新上司看見你的潛力並支持你的目標。有時候機會就這樣開啟了，我們可能會驚訝不已，認為這好運不是真的。我們需要同意的是：當機會來了或是大門開了，要做的是大步向前，相信人生中總有那麼一刻，我們可以自信地擁抱新的可能。

威廉從來沒有想過有一天會被提拔到高階管理團隊。他對單位忠心耿耿且認真負責，但是他並不認為自己與眾不同。然而，他的思考周延以及能夠細心權衡各種可能性，為他樹立了良好的名聲，也為歷任部長建立了信心。他收到通知，單位告知他被列為高階管理團隊有職缺時的接班人選之一。

💡 思考提示

◆ 假如意想不到的機會出現在眼前，你有何反應？

◆ 當好運衝著你來時，你是否願意接受？

◆ 假使你無論做什麼都事與願違，你如何有效保持堅定的決心？

77 三個臭皮匠，勝過一個諸葛亮

Two heads are better than one

與信任的同事或夥伴密切合作，能帶來寶貴的洞見。

我在擔任政府部門的財政主任期間，通常會和人力資源主任通力合作。這種聯合作業模式帶來的成果之一，是讓每個人都有最佳表現。我已經和眾多作者共同出版了許多專書和小冊子，我們一起分析議題，以致準備的內容遠遠勝過任何人獨自寫作所能達到的品質。和同事討論棘手的問題，往往能使我們從新角度探討問題，還能檢視全新的解決方案。

威廉善於和重要同事合作。發生問題時，他會找出誰是測試解決方案的良好人選，適合和他們一起研究解決方法與風險。他總是樂於花時間和同事相處，協助他們解決複雜的難題。他藉此建立了一套互惠互利的工作關係，讓他能夠反省工作進展以及未來的行動步驟。

💡 思考提示

◆ 誰是你可以合作解決難題的夥伴？

◆ 你如何建立相互指導的關係，使雙方都能因此獲益？

◆ 當你和別人深入討論也無法使思路更加清晰，在什麼情況下你會接受必須獨自做決策的現實？

78 三個和尚沒水喝／人多誤事
Too many cooks spoil the broth

若是決策過程中有太多人參與，會使進度變慢並降低成效。

在決策過程中讓廣泛的人員參與，以及將最後決策限制在一群重點人員，這兩者之間具有微妙的平衡。要是有太多人自認為知道正確答案，就會造成拖累、失望和誤會。清楚知道人員在什麼階段、基於何種理由參與決策，以及釐清何時應做出最終決策，能為我們養成必要的務實態度。有時候我們可以自稱了解人員的觀點，而此刻必須將決策權限制於少數人之手。

威廉天生具有民主、開放的心胸，他希望整個部門的人員都能參與決策。這些人遍及全國多處地點，最後導致決策過程在他的部門變得既複雜又負擔沉重。他知道必須簡化治理架構，這會在短期內讓一部分人不喜歡他。他承認有時候必須清楚自己的方法，並且簡單從容地說明理由。

思考提示

- 在什麼情況下，讓太多人參與決策會削弱你想達到的效果？
- 以你的處境而論，開放式諮詢和果斷式行動之間正確的平衡為何？
- 你知道若是沒有讓某些人參與決策，一定會令他們失望，你如何向這些人說明原委？

79 小洞不補，大洞吃苦
A stitch in time saves nine

在早期發現問題，能大幅降低尋找解決辦法所需的時間和精力。

定期檢討哪些瑣事造成困擾，或許會有幫助。有什麼方法可以解決這些小問題，使它們不至於惡化而釀成大禍？我們想要告訴自己：投入時間去解決尚未成熟的問題，絕對不是浪費。然而，在變化迅速的環境中，我們不見得會相信自己的忠告。

威廉察覺有兩名下屬之間的關係出現裂痕。他們在去年相處得很好，如今威廉卻發現其中已出現被動攻擊行為。威廉故意約兩人出來喝咖啡，並聊到如何讓彼此有最佳的表現。他們承認遇到了關係惡化的風險，也都承諾願意保持溝通，確保會加強而非減弱工作關係。

💡 **思考提示**

◆ 在什麼情況下，早期介入有助於降低造成失和的機率？

◆ 假如你注意到某個議題毫無助益地逐漸加劇，有什麼因素會妨礙探索性的對談？

◆ 你會想到什麼實例來證明早期介入是有用的？

80 愼防骨牌效應
Be alert to the domino effect

注意你的一言一行會產生的連鎖反應。

高明的領導者知道,他對具有影響力的人所提出的建議,很快就會傳遍整個組織。遲鈍的領導者可能不知道,一段批判的評語將會快速流傳,可能產生建設性的反應,也有可能造成怨恨與不信任的感受。片刻的恐慌很容易就會星火燎原,好比一塊骨牌即能迅速擊倒一整排骨牌。因此,缺乏判斷力的評語會在短時間內摧毀信任和共同努力的成果。同樣地,美好的耳語八卦能產生友善和互相支持的氣氛,其效果之大超乎常人的理解。

威廉知道誰在組織內是意見領袖,他確保這些人都能清楚接收到好消息,或者知道有哪些領域需要新構想。他也知道誰是八卦廣播電台,在這些人面前他必須特別小心所說的每一句話。他很了解對方會誇大他的評論並強力放送,而且只報憂不報喜。

💡 思考提示

- ◆ 你會和誰分享好事,知道你說的事會傳出去?
- ◆ 你會特別小心不讓誰知道你的沮喪,因為他們可能會誇大其詞?
- ◆ 你如何以有助益的手法應用骨牌效應,在組織內部傳播訊息?

81 全力以赴
Put your best foot forward

知道你的相關經驗為何，然後從中汲取智慧。

我們可能會過度謙遜，以為別人比較懂得應付棘手或意外的狀況。你有過什麼可以借鑑的相關經驗？重要的是，你需要從適當的心態起步，相信自己具有獨特的貢獻，無論面臨的狀況有多麼出乎意料或史無前例。一旦有了積極的心態並相信自己能有所貢獻，你的直覺反應可能就具有不容否定的可貴價值。

威廉意識到在他的督導之下有什麼地方出了差錯。他知道自己不能沉溺在失望之中，而是需要想清楚如何以部長信任的方式恢復最佳狀況，使之繼續運作。他確保已經由部長十分欣賞的團隊主管擬好一份具體的搶救計畫，隨後充滿自信地說服部長，他們能克服這次的難關，讓損壞降至最低。

思考提示

- 當你需要搶救某個狀況，有什麼因素能使你抱持堅毅無畏的態度？
- 你需要自信地利用自己的優點與經驗時，有什麼因素會阻撓你？
- 在什麼情況下你需要扮演勇往直前的支持者？

82 力求殊途同歸
Seek to ensure both ends meet

　　當你啓發兩個人開始思考，請注意他們不會得到互相矛盾或不連貫的結果。

　　你可能會要求某人開始思考細節、另一人則是反省廣泛的趨勢。你必須讓他們一邊進行自己的工作，一邊留意另一個人在做什麼，才能使兩人的貢獻成爲互補的觀點。你了解一般人很容易被個人的活動占滿全部心思，以至於看不見不同要素之間的關係。你經常耳提面命的是最終目標爲何，以及不同活動應該如何相輔相成。

　　威廉很清楚，好職員都會想要從正在處理的證據中得出結論，卻不見得會意識到自己的心態，有時甚至有偏見在其中作用。威廉也看得出來，部長是戴著政治的眼鏡看世界，在意媒體或輿論如何看待他的一舉一動。當然，齟齬或誤解通常是難以避免的。

思考提示

◆ 你有多擅長確保觀點不同的人在開始工作之後也能保持相互溝通？
◆ 當共事的衆人正往不同而非類似的目標行進時，你能多迅速地預見潛在的衝突？
◆ 你指派人員朝著兩個互補的方向工作，是否可能需要更完整的溝通？

83 山中無老虎，猴子稱大王
Among the blind the one-eyed man is king

你可能覺得自己的視野不夠清晰，但是別人比你更盲目。

假使你對於下一步該怎麼做只有模糊的想法，很快就會感到沒有把握。結果可能是你因此自我封閉，不對未來提出建議。其他人或許都把話說得很滿，但對狀況的認識還不如你透澈。你看出三或四個重要因素，並在開口具體表達這些重點時，盡可能表現得很有自信。在你的協助之下，大家對於接下來的作法有了更深入的討論，而這可能讓你感到驚訝。

威廉有時候會忘記身經百戰的經歷如何塑造了自己的理解能力。他的直覺反應總是十分得體，因為他曾經與形形色色的政府部門首長共事，其中一位後來還出任首相。即使他身處於不確定的狀況，有時候也會鼓起勇氣提出明確的建議，並且對自己的影響力感到意外。

思考提示

◆ 你是否承認自己有限的理解或許比其他人都更深入？
◆ 你是否願意根據自己的理解而提出若干重點，然後觀察大家對這些重點的反應？
◆ 你是否接受自己的權威和影響力有時候比你所預期的還要大得多？

84 遲到總比缺席好
Better late than never

為了使產品的品質更好而遲交，勝過準時交出次級品。

有些截止期限是無法避免的。然而，為了使產品更耐用、持久，有時候我們必須協商新期限。定下精準且不可變更的期限，其風險在於假使無法符合期限，付出的精力與承諾都會失敗，既無法達到任何成果，動機也會因此瓦解。細心的領導者會注意截止期限具有激勵或是破壞作用。變更截止期限有審慎的技巧可依循，不但能夠滿足合理的預期，也能維持動機與承諾。

威廉隨時都在注意部長的期望以及下屬的工作進展。部長希望於某個領域提出新的資金模式，下屬都盡心盡力想找出新作法。可是，他們必須等待某項關鍵資訊。威廉必須調整部長的期望，請他務必多給一點時間，才能得到更有品質的成果。另一方面，他也必須設法鼓勵部長的下屬，希望他們確保能得到符合要求的模式，但是不需要苛求完美。

💡 思考提示

◆ 在什麼情況下你需要堅持截止期限？

◆ 你根據怎樣的指導原則來判斷時間表的彈性？

◆ 遇到某個截止期限無法如預期實現時，你如何調整期望？

85 小心駛得萬年船

Discretion is the better part of valour

有時候，與其血氣方剛，寧可戒慎恐懼。

你可能會覺得自己和某個人或壓力團體（pressure group，編註：指對公共政策之決定具有影響力的團體）歷經了一番冗長的爭辯，最後成功勝出。你想要大肆慶祝，還想拿他人的失敗來襯托你的勝利。可是，你在未來仍需要與這些人共事。你不必一再高呼自己的勝利和對方的失敗，將來也許你們會有共同的利益，因此現在並非強調誰勝誰負的時機。

部長對某個壓力團體發出強烈的批評，威廉因此給予忠告。部長並沒有接納威廉的建議，還揚揚得意地數落該組織有多麼無能。在威廉眼中，這個作法有害無益，他想引導部長也能看見。但是他放下這個想法，因為他預料到不久後部長便可能承認需要和該組織結盟，在某些彼此都同意的主張上合作共事。

思考提示

◆ 在什麼情況下你可能因勝利而沾沾自喜？
◆ 假如別人自行學到教訓而不需要你插手，有什麼因素能使你停止批評他們？
◆ 你如何把謹慎看成優點而非逃避的策略？

86 綜觀全局，洞悉本質

Be on the balcony and on the dance floor

　　親自參與行動以及在廣闊的視野下旁觀，兩者結合能帶給你寶貴的整體洞見。

　　置身在行動之中，你才能了解其中的壓力、動態和奮鬥。從高處俯瞰，則是能讓你認識趨勢和整體運動，也能在廣闊的視野下觀察在地的行動。其中的風險在於花太多時間飄蕩在高處俯視議題，或者困在細節裡無法脫身。除非我們能夠體會直接行動與整體壓力、期望和廣闊視野之間的互動，否則我們的作法無法增進附加價值。

　　威廉知道他在高階管理團隊的角色之一，是針對在地區域的狀況提供觀點。同時他也知道，自己需要保持前瞻的眼光，以及思考如何使資源獲得最佳利用，將技術教育在政府的議程中提升到更高的地位，並且擴大範圍。他知道自己在進行一場支持科技教育的運動，這場運動的基礎必須建立在關於經濟利益的堅實證據之上。

💡 思考提示

- 在了解細節以及具有廣闊視野之間，你如何確保自己達到了正確的平衡？
- 你如何證明自己花時間遠離細部行動是為了帶來更廣闊的視野？
- 有什麼因素能幫助你不至於過度陷入日常行動之中？

偶爾深入檢視
Use the long screwdriver occasionally

有時候你需要深入研究細節，才能確信已經有人採取了適當的行動。

一位曾經與我共事的執行長被批評「深入檢視」以及過於頻繁地探究細節。他認為定期深入檢視的作法，是為了了解組織深層的現況，偶爾對細節窮追不捨有助於保持務實、專注及大膽。他的信譽不只有賴於廣闊的視野，也是因為能夠掌握看似棘手的問題。

威廉限定自己每個月一次深入麻煩議題的細節。每當他決定融入議題的細節時，總是會說明原因，並且承諾只是短期參與。他很清楚這個作法意味著大家會把難題一股腦兒塞給他，因此他在進行深入探究時，會刻意為這些場合限定時間。對於專心投入這類行動的時間與精力，威廉一向保持高度敏感。

思考提示

◆ 你是否知道自己想要深入細節的時機與原因？
◆ 你是否將專注於細節當作常備方法的一部分，而且保持適當比例？
◆ 你是否能清楚溝通自己參與細節的原因？

88　一絲眞相
A germ of truth

當你覺得別人對你的批評並不公平時，也許他們的批評中包含了一點眞相。

如果有人覺得他們收到的回應既不公平又毫無根據，我可能會問他們，那些批評包含了什麼眞相。他人的回應中所說的內容，往往是關於提出回應的人多於接收者。一般而言，這些回應之中會有一些元素或跡象值得我們深思。你應該處理的眞相，是別人對你所提供的東西有何觀感，而不是你實際上做了什麼。

威廉通常必須仔細聆聽壓力團體所提出的完全可預測的言論。他學會了專心權衡對方的話語，找出必須認眞看待並設法解決的重要想法。有時候，關鍵議題正好是他眼前需要思考的大型議題，但是通常他需要更深入思考的是某些詳細的主張，並非當下巨大而有爭議的議題。

💡思考提示

◆ 有什麼因素能讓你看出大量修辭裡隱藏的要點？
◆ 你如何從大量修辭中發現新思想，並將之記錄下來進一步處理？
◆ 有什麼因素能使你從了無新意的爭辯中去蕪存菁？

89 密室對談
Conversations in the grey space

在私人場合進行的密談，有時候能開啓解決問題的途徑。

有些討論必須公開、正式，而且記錄在案。這些討論是立場的聲明，對象既是廣大的觀眾，也是討論的對手；那些雄辯滔滔的語句，是要直接說給對手聽的。但眞正的進展卻往往發生在私人場所，在那裡各種選項都可以拿出來談，不用擔心隔牆有耳。假使雙方都希望能夠取得進展，那麼非正式地討論利弊得失和風險，有助於建立彼此之間的理解與信任。這一類對談通常可以改變觀感並讓人更務實地找到對策，不但彼此都能接受，而且沒有任何一方會感到不受尊重。

威廉看得出來有個利益團體（interest group，編註：成員因共同的利益而結合，企圖透過該團體來影響政府及決策者）的影響力很大，其領導者的任何不滿都能獲得媒體報導。關於敏感議題，威廉並不想和對方公開攻防對決。威廉必須了解他的對手並取得諒解，讓彼此都知道何時應公開對談，何時得非正式而隨興地進行。

💡 思考提示

- ◆ 誰能讓你充分信任，願意和對方進行開放而隨興的對談？
- ◆ 你如何平衡正式管道或非正式對談所取得的進展？
- ◆ 你如何確保彼此之間有良好的信任，你的開放態度不會被對方占便宜？

90 三振出局

Three strikes and you are out

　　犯一次錯說得過去，犯兩次錯尚可容忍，犯三次錯無法接受。

　　我們從錯誤或成功之中能學到的教訓一樣多，但是謹記錯誤所帶來的教訓更為重要。我們知道，不斷重蹈覆轍必然要付出代價。在初次犯錯時，我們需要抱持嚴謹的態度。第二次犯了類似錯誤，應該能強化學習。然而，若是第三次犯了相同的錯誤，對於我們的聲譽是一記致命的打擊。

　　威廉低估了某個議題對前任部長的重要意義，直到兩次失誤之後，他還是沒能完全理解為什麼必須投入心思確保自己不會再犯第三次錯誤。威廉在這些經驗之後，學會了一絲不苟的心態。當現任部長因為某些事而惱怒，威廉會謹記以前學到的教訓而嚴肅看待那些事。如今，威廉的作法是一定會去探討如何提高未來成功的可能性，而不是把時間和精力花在責怪以前究竟發生了什麼事。

💡 **思考提示**

◆ 在什麼情況下你可能會犯了錯而無動於衷？

◆ 你如何確保自己有一套嚴格的學習過程，能夠從進行得不順遂的事情學到教訓？

◆ 你願意發揮哪些個人資本，確保某些事情不會連續出錯三次？

91 　爲提醒做好準備
Be ready for the wake-up call

　　一起事件或一則評語能讓我們驚訝或震撼，進而產生新的思考。

　　我們以爲自己正朝著明確的道路前進。我們考量過機會與風險，也準備好妥善的計畫。可是，一個不良反應迫使我們認清有必要重新檢討目前的作法，以及在執行目標時是否也考慮過意外和難以預測的狀況。我們從自鳴得意中驚醒過來，領悟了一個道理：假設自己永遠都知道正確答案，是很危險的。

　　威廉是經驗豐富的領導者，能夠謹慎而周延地思考議題，同時也有許多可信任的顧問爲他提供意見。然而，讓他跌破眼鏡的是，有一位盟友突然變成主要的批評者。威廉一開始對這種背叛行爲感到憤怒，隨後坦然接受對方確實指出了真正值得憂心之處，而威廉有必要解決這項顧慮。他承認自己被志得意滿遮蔽了雙眼，需要有人敲響警鐘以提醒他重新思考某些作法。這些作法或許一向運作良好，但未必是將來的適當選擇。

思考提示

- ◆ 過去你對於警鐘的反應爲何？
- ◆ 哪一類警鐘是你最能夠接受的？
- ◆ 你最想鼓勵什麼人對你敲響警鐘？

PART 4

生命力

Vitality

92 油箱裡的猛虎能量

Put a tiger in your tank

有時候你需要將精力集中在某個能讓你不遺餘力的目標。

在某些情況下，你必須迅速採取行動，專心且不得鬆懈。應當快速思考、敏捷行動，完全沒有退縮的餘地。你告訴自己：前方的路將是艱辛、無情且令人筋疲力竭的，同時也會是充滿愉快的過程。你深知無法長期保持這麼巔峰的幹勁，但是為了這個限定季節，全力以赴、勇往直前的動力是最重要的。

緊張的活動能讓賽拉感到興奮。她認為，沒有什麼問題大到解決不了。遇到問題時，她會大步迎向前去，不會轉身逃跑。她的態度相對輕鬆，以至於能夠進入快速且果斷的思考模式。她喜歡與速戰速決的人共事，緊張的工作能讓她有最佳的表現。但是，賽拉意識到自己無法長期保持高速運轉，假如速度與壓力有增無減，對她來說是有風險的。

💡 **思考提示**

- 你對巨大壓力的反應如何？
- 如果必須快速思考及行動，有什麼因素能滿足你的要求？
- 假如你遇到必須迅速執行的激烈活動，會有什麼風險？

93 不要白費力氣
Don't hit your head against a brick wall

有時候目標是無法達成的，你需要改弦易轍。

你下定決心要在某個事業締造成功，投入了大量時間與精力，勢在必得。你不屈不撓地說服大家，推銷自己的方法有哪些優點以及成果垂手可得。當障礙顯得難以攻破，你隨即進入了打死不退、不知疲憊爲何物的模式。總有一天，你必須接受現實，承認自己不會有進展，應該收手並重新評估有沒有更有效、更持久的方法能突破難關。

賽拉始終認爲規則是爲了被打破而存在的，她不是一個容易被擊倒或打退堂鼓的人。她有克服眾多艱難險阻的輝煌紀錄，知道自己的名聲到什麼程度，絕不會讓自己或別人失望。長久以來，她愈來愈覺得有時必須找出不同的作法才行。

思考提示

◆ 在什麼情況下，你會不斷地自我重複卻毫無成效？

◆ 在什麼情況下，遇到障礙時撤退並設法繞路會是更好的選擇？

◆ 就過去的經驗來看，你在什麼情況下對某個已經失效的方法堅持過頭了，而你從中學到什麼教訓？

94 輕而易舉之事
A walk in the park

有時候事情做起來並非如你所想的那麼累。

我們經常覺得自己是以既定的模式在處理某個議題，缺乏膽量更進一步。應該自我提醒：如果我們喜歡特定活動，可以利用這些活動來放鬆身心，藉此把精力保存起來應付更為棘手的情況。我們可以將喜歡的工作比喻為如同在公園散步，這能讓我們想起從某個工作領域獲得的快樂。

賽拉是一個善於激勵士氣的人。她會注意員工在什麼情況下能把計畫執行得有聲有色且善於影響他人。賽拉喜歡指導別人，認為這讓自己感到活力十足，也對別人有良好的貢獻。對賽拉來說，進行指導性對話，促使對方思考如何解決問題，這個過程就像在公園散步一樣令人充滿活力，也讓她能夠用愉悅、積極的眼光看待同事。

⌾ 思考提示

◆ 有什麼因素特別容易讓你在工作上放鬆？

◆ 有些活動能讓你放鬆、感覺愉悅，你如何安排時間從事這些活動？

◆ 在你的工作環境中，有什麼因素最能提振精神？

95 先會走路再學跑步
Walk before you run

不必急於接下新職務，請先確保自己能夠勝任它。

　　我們可能會對於某項新職務、任務或技巧充滿熱情，想要早點操作一番。但是，另一部分的自己卻是想要採取比較合情合理的方式前進，按部就班地養成能力與信心。我們需要有好朋友、好同事對我們說：「先慢慢累積你的經驗，然後再穩健地承接更多職務。」有人告訴你，走路時不要匆匆忙忙以免跌倒。你承認這個忠告有道理，可是你想要推自己一把。

　　賽拉加入一個非常不同的組織，擔任重要的角色。她看出自己能夠為組織帶來顯著的改變。她的思緒敏銳，既了解問題，也能看出解決辦法。她知道自己需要更精進理解程度，才能使敏銳度更精準，足以發展及主張可長可久的作法。她繼續保持迅速前進的腳步，也知道有時候必須後退幾步。

思考提示

◆ 在什麼情況下你前進的速度可能太快了？
◆ 有什麼因素能幫助你累積經驗與專業知識，進而對未來具有決定性的影響？
◆ 在什麼情況下你需要慢下來？

96 來個深呼吸
Take deep breaths

深呼吸幾次，讓自己舒緩下來。

你總是過著不停衝刺的生活，思緒奔騰、心跳迅猛。你意識到自己應該停下腳步，讓內心平靜，並且做了幾次深長的呼吸。在忙碌時、參加會議時，你都能做深呼吸練習。可以利用深呼吸安定自己的心。你的大腦正在奔馳，需要冷靜一下，而深呼吸可以為大腦思緒換檔。

賽拉的大腦反應飛快，大家都知道她是個行動和說話都很急促的人。她發現自己只要一快速行動就再也慢不下來。她總是想要隨時保持蓄勢待發，成為舉足輕重的角色。對她而言，做深呼吸讓自己冷靜下來，並不是自然而然就做得到的。她必須從密集的工作中抽身離開才能練習深呼吸；如果是在會議中，她會刻意深呼吸幾次，然後觀察身體和情緒如何變得安定、平靜。

💡 思考提示

◆ 你如何看出在什麼情況下需要做幾次深呼吸，讓自己冷靜下來？
◆ 有什麼因素能幫助你達到可以做深呼吸的心境？
◆ 假如你不允許自己有時間做幾次深呼吸，會有什麼後果？

97 世事有起必有落
What goes up comes down

對某個冒險機會的興奮感受，可能來得快，去得也快。

隨著記者追逐某個議題，媒體對於特定主題的興趣也會起起落落。而且，只要記者爭相報導最新的事件，媒體對舊議題的興趣就會快速降低。當眾人對你所在的領域感興趣時，你可能會很高興。你認識到必須在這種參與的基礎上創造持續的動力，而此動力在眾人的注意力焦點轉移之後仍能持續下去。你可能前一天還是萬眾矚目，隔天就被忘得一乾二淨，儘管你的方法與成效並沒有不同。

賽拉發現，她處理某些麻煩議題的方式，提高了一名執行長對她的讚賞。但新執行長上任後，有自己的顧問人馬，因此賽拉沒有像以往那樣經常被徵詢意見。她覺得自己的影響力和聲譽下跌了。她依然是原來的賽拉，提供相同的建言，可是她知道有人會在前一天備受重視，隔天卻變成邊緣人，但這樣的結果並不是自己造成的。

> ☀ 思考提示
> ◆ 你能抓緊時機嗎？
> ◆ 你能不能接受個人聲譽的興衰未必是因為個人有什麼改變？
> ◆ 當你覺得處於優勢地位時，能不能善加利用？

98 掌握時機，切勿隨波逐流
Show a clean pair of heals

把握機會，採取必要行動繼續挺進。

有時候我們會得到機會，或是看見了機會而必須充分利用。某位有力人士願意聽取我們的想法，因此我們善用這次見面機會。目前有些機會可執行新提議，我們對於這項邀請迅速表現積極的態度，並且說明了在我們的領域能順利取得的進展。

財政主任邀集多位同事，請眾人針對某些改變提出如何投資才能獲得更大效益的建議。賽拉等待這個機會已經有一段時間，於是提出一套明確的提案，這套提案不僅與她的領域有關，也涉及整個組織。她判斷此刻必須直言不諱，因此決心要設定可以在整個組織實施的變革議程。賽拉把現在視為需強勢引導的時刻，不宜緩慢地建立深思熟慮的共識。

思考提示

◆ 在什麼情況下，往前衝刺是正確的作法？

◆ 你如何選擇時機，然後以非常堅定的態度引導議題？

◆ 你有多容易接受大膽新穎的作法？

99 沉默是金
Hold your tongue

或許你渴望說幾句話，但知道自己必須保持緘默。

我們心中有想法，也希望發揮影響力。我們不想一句話也沒說，眼睜睜看著機會白白錯過。但我們承認有時候需要沉默，不必浪費時間和精力長篇大論。某人的行為或許讓我們感到憤憤不平，但我們知道直接回擊只會適得其反，必須等待恰當的對談時機，而不是在意氣用事的情況下反駁，脫口說出半生不熟的想法。

賽拉知道她大可說出自己的不安，但這種方式有時候會造成反效果。當討論的進行方向不合她的意時，她需要特別小心，避免表現出防衛式的反應。她必須深思其他人何以會抱持某些觀點，進而清楚知道自己想要達成的目標是什麼。有時候她得緊抿雙唇、三緘其口，千萬不可伶牙俐齒又情緒化地滔滔不絕。

思考提示

◆ 在什麼情況下口無遮攔會讓你感到困擾？

◆ 有什麼因素能幫助你暫時保持低調，因為現在還不到表達觀點的最佳時機？

◆ 在什麼情況下，你所說的話會讓情緒化反應變得更加尖銳？

100 找人閒聊／集思廣益
Chew the fat

有些問題必須經過長期研究才能解決。

你開始認為某個問題根本無解，只要一想到必須再次把注意力轉去處理它，心情就會跌到谷底。你同意需要投入大量的時間，從各種角度設法解決這個問題，也試著將它分解成好幾個應付得來的小部分。雖然這個問題看起來沒完沒了，但你知道自己不能停下來。你希望能有正面的進展，便設法讓多一點人手參與。

賽拉知道自己缺乏耐性的特質可能會占上風。她喜歡高速運轉，想要得到解決問題的特效藥。賽拉知道在遇到彷彿不可能解決的問題時，必須把適合的人選都找來，從各種角度尋找對策。她知道，一旦問題被拆分為好幾個部分並個個擊破後，就有可能取得進展。

> 💡 **思考提示**
>
> ◆ 在什麼情況下，你能從持之以恆地解決某個難題而獲得回報？
> ◆ 遇到似乎不可能解決的問題時，你如何確保不會放棄或逃避處理它？
> ◆ 你如何安排足夠的時間處理難題？

101 除舊布新，開創新局
Turn over a new leaf

採用全新方法的時刻到了，不要再囿於舊習。

我們變得完全依賴某個處理問題的方法，徹底摒除其他觀點。我們陷入情緒化反應，以致感到沮喪、痛苦及委屈。需要有個嶄新的開始，以不同的方式檢視問題。我們必須斷開過去的方法，重新出發。為了達成真正重要的目標，也必須判斷哪一種心態才是最適合的。

經過一段忙得不可開交的日子，賽拉休息了一個漫長週末。某些人的態度讓她在工作上愈陷愈深，她知道自己的反應無濟於事。賽拉需要在週末長假之後帶著截然不同的心態重新進入工作，用正面的眼光看待別人的貢獻。賽拉不確定自己能否輕易維持這個新作法，但是願意給自己一個機會。

思考提示

◆ 你如何辨識在什麼情況下需要以全新的方法處理問題？
◆ 在什麼情況下，情緒化反應會妨礙你以全新的心態處理持續發生的問題？
◆ 誰能讓你以全新的方式思考自己應付難題的方法？

102 匍匐前進，低調行事
Go on all fours

有時候我們需要低調潛行，不引人注目。

為了解決問題，有時候一個有幫助的作法是以謹慎的態度默默地觀察，設法不讓別人注意到自己的存在。我們想要以不同觀點探討問題，同時不想因為這麼做而造成騷動。我們搜集並吸收資訊，對於事情的現況不帶有先入為主的成見。我們已經做好準備，只要時機一到便可採取行動。不過，隱密與安靜比起在特定時刻過度反應更重要。

有時候，賽拉會覺得自己處理問題的方式過於打高空。在達成行動共識之前，她需要更深入了解員工和客戶的想法。她想要安靜但刻意地加入他們，仔細聆聽各種不同的觀點。在構思的時候，她的態度嚴謹，避免言之過早而說出半調子的構想。賽拉準備好在針對未來行動提出看法之前，先跟眾多意見領袖進行冷靜而嚴肅的談話。

💡 思考提示

◆ 在什麼情況下你需要從基層看問題？

◆ 在最接近行動的人之中，你需要設法取得誰的想法？

◆ 對你而言，所謂隱密地行動是什麼意思？

103 小睡片刻
Take forty winks

短暫休息可以使大腦恢復精神，更清晰地思考。

當我們減緩大腦的運作速度，讓身體動一動，能使身體重新振作，大腦也可以無意識地建立各種連結。表面上看起來，你的大腦關機了幾分鐘，但是當你再度思考某個議題時，會更清楚下一個步驟應該怎麼做。片刻的休息，比方說五分鐘，效果是很顯著的。它可以讓支離破碎的資訊在大腦裡面形成連結，讓你看清楚未來的行動。如果在休息五分鐘的同時，結合一些身體運動，就能產生更深遠的影響。

賽拉總是以極快的速度工作，若是速度慢下來，她會認為這是失敗的跡象，而不是將之看成善待自己的合理方式。她在經歷一場肺炎之後，明白了應該更妥善照顧自己。她依然想參與高度要求的工作，可是她學會了片刻休息對平靜與幸福來說非常重要。

💡 思考提示

◆ 哪一種片刻休息對你最有效？

◆ 你如何確保會定期休息片刻？

◆ 你如何促使大腦把片段的資訊連結起來，然後在適當時刻對未來的行動提出建議？

104 冷靜的良心之聲
Still small voice of calm

傾聽內在聲音能為你帶來新的洞見和決心。

當你身處在高度挑戰性的情境時，或許腦海裡會有個聲音為你提供建言。這些念頭可能來自過去的經驗，或者某位你尊敬的人在類似情境下大概會有的想法和行動。或許你應該反問自己：「如果我能在這個情境下保持冷靜，會怎麼想？怎麼做？」在此同時自問另一個問題也是很好的作法：「如果我能大膽行動，在這個情境下會怎麼做？」雖然這兩個問題的出發點不同，但很可能會得到相同的答案。

賽拉知道自己的主要情緒是決心、承諾和渴望有作為。透過正念練習和瑜伽，她能夠進入更冷靜的內在空間，在那裡會有個不一樣的內在聲音對她說話。她會謹慎地問自己：「在這個情境下，冷靜之聲有什麼話想對我說？」這麼做可以幫助她從應對直接的影響，轉而提出有關行動的長遠後果的問題。

思考提示

◆ 你如何聆聽腦海裡冷靜的聲音？
◆ 你如何同時面對腦海裡表達沮喪和支持冷靜的聲音？
◆ 在什麼情況下，內在的冷靜之聲會誤導你，阻止你採取必要的行動？

105 小別勝新婚
Absence makes the heart grow fonder

團隊成員需要分開一段時間，才能成為更強大的團隊。

我們與他人近距離共事久了，可能會變得非常了解對方，把彼此的優點視為理所當然，只注意到關係中的不協調之處。彼此之間的一些對話讓人覺得是老生常談又刺耳，也因為彼此同時出現的場合太多而喘不過氣。也許我們需要安排一段時間各自做其他的事，等我們再度回來一起共事，會更容易也更深入欣賞彼此的優點和特質。

賽拉有一位親近的同事不斷挑戰她，讓她很火大。賽拉很高興假期來臨，有好幾個星期不必再和這個傢伙周旋。讓賽拉感到不可思議的是，當假期接近尾聲，她竟然期盼又能和這個人共事。這個人挑戰她的方式讓人很不舒服，但是在兩人共同的工作上，對方的方法和投入讓賽拉很珍惜。

💡 **思考提示**

- 在什麼情況下，分開一段時間之後可以恢復尊重？
- 當你重新回到工作崗位時，期待與誰共事？為什麼？
- 我們與同事相處時，如何平衡尊重和喜愛？

106 「有一天」就是沒那一天
Any time means no time

可以在任何時間完成的事，往往沒有人會去做。

你想給志願者自主權，由他們自行決定何時執行各種活動。你相信，他們對於這個事業的承諾，代表了他們都能盡忠職守，完成承諾要做的事。與此同時，你注意到志願者各有輕重緩急的事項，可能永遠不會動手進行那些承諾要做的事。對於只有一部分事情能夠完成，而其他事永遠不會完成，你也能泰然自若。

賽拉承認有些活動如果被歸類到「任何時間都可做的任務」，那麼她就百分之百不會去做。賽拉不想給自己增添不必要的壓力，但她從過去的經驗得知，假如某件工作並不重要，就需要特別分配時間給它，以便在能夠處理的時候去做。她不想放走這類任務，導致它們永遠不會出現在每週行事曆上。於是，她發展出一套作法：每週都要先完成幾件不在優先事項的工作，再將它們從待辦清單中刪除。

💡 思考提示

◆ 在什麼情況下，告訴自己某件工作可在任何時間執行是有益的？

◆ 「任何時間」和「幾乎不會」在多大程度上是同義詞？

◆ 你如何有效分配時間給非優先的工作？

107 不要畫蛇添足
Leave well alone

有時候，對於某些問題最好袖手旁觀，別去理它。

在什麼情況下，你想解決某個議題卻會帶來反效果？例如，大家已經對某個行動方案達成共識，每個人的責任都很明確。若是你參與其中，可能會削弱行動的效果，因此，允許它在不被你干擾的情況下完成，才符合你的最大利益。有時候，我們需要學會困難的這一課並調整思考方式：大家都需要時間設法解決各自的問題，而你的介入並不符合任何人的利益。

賽拉的一名同事因為犯錯而付出代價，她想出手拯救這名同事。然而，另一方面她知道對方需要從錯誤中學到教訓，進而改變心態和做事方法。這名同事需要時間和空間自行想出接下來該怎麼做，不用賽拉插手。賽拉知道自己應該靜觀其變，讓同事從「擦傷」的經驗中自我調適。等對方準備好以積極的方式繼續前進，她再展現支持。

思考提示

◆ 在什麼情況下你會過度保護某個人？

◆ 有什麼因素能幫助你暫時旁觀，等到恰當時機出現再表達支持的態度？

◆ 有時候獨立自主才是最好的，你從這類經驗中學到什麼教訓？

108 鹿死誰手，尚未可知
He laughs best who laughs last

小心別高興得太早。

標記進度以及知道中間步驟在何時完成了，都是正確的。但是，在半途過度慶祝則會造成你自鳴得意，同時對於別人的進度缺乏警覺。當你的進度超前競爭者時，你可能會因此變得沾沾自喜。然後，要是你懷有過度的自滿，競爭者就有可能快速超前，把你拋在身後。對你而言，最重要的是讓所有人員能慶祝中場時刻，也能對終極目標保持專注。

賽拉為團隊帶來了極具感染力的熱情，只要團隊的工作取得進展，她都會創造一陣喜悅的歡呼。但是，她從一次不幸的經驗學到了教訓：那時她太早慶功，結果卻被翻盤了。賽拉知道，除非他們的提案已經被批准，否則就不允許自己和團隊因為提交了計畫而感到完全滿意。計畫提交的那一刻，他們當然有權慶祝一番。但是，他們所追求的終極目標是提案通過，而非交件就夠了。

💡 思考提示

- 你如何平衡慶祝里程碑以及保持前進的動力？
- 你如何確保自己不會太早慶功？
- 你有什麼方法對競爭者的進度保持警覺？

109 省到就是賺到
A penny saved is a penny gained

我們常常把效率視為不愉快的損失，而非可貴的收穫。

追求效率和節約能為將來的活動提供更強大的基礎，一般人卻可能將它視為退步。我從事的是教練這一行，目前已經逐步縮減辦公室空間，往虛擬辦公室的方向發展。新冠肺炎疫情來襲時，我們因為有先見之明，如今才會有這麼好的條件能推行教練業務，不必負擔過多的日常開銷。我們變得更有彈性，不用為日常開銷操心。

賽拉告訴新進人員，有關哪些資源可以節省以及妥善地利用，兩個月後她想聽聽他們的感想。賽拉的領導風格結合了力量、支持、持久和激勵，加上對於金錢價值抱持「有幾分證據說幾分話」的信念，務必解決被視為浪費的活動。她總是謹慎地尋找機會，清楚地告訴大家，有哪些資源已經被重新安排到更有效的地方，同時歸功於主張這些作法的同事。

💡 思考提示

◆ 在有效利用資源方面，你需要多麼堅持不懈？

◆ 你透過節約而省下的資源，可以用來支援未來的什麼活動？

◆ 你的自然作風是「儲蓄是為了花費」，還是「花費是為了儲蓄」？

110 一分耕耘，一分收穫
No pain no gain

為了追求進步，難免需要相當程度的辛苦。

艱苦的體能鍛鍊，是體育運動成功的前提。勞心的辛苦是為難題找出解決之道的起點。針鋒相對的挑戰會讓人感到不舒服，卻能形成目標明確的對話和周全的結論。當工作中交織著辛苦與進步時，經常讓人覺得沉重。但重要的是堅持整體目標，並且了解辛勤的探索比自大自滿的冷漠更能取得進展。

賽拉知道必須重組團隊，才能幫助成員進步。她也知道在溝通改變的理由時，務必說得非常清楚，而且要讓大家相信她會在過度期盡全力支持他們。賽拉想協助成員在追求更高成就時擁有屬於個人的基本理念，即使他們的工作發生劇烈改變甚至消失，這個理念也不會受到影響。賽拉幫助團隊了解到，如果他們願意接受新角色，就有可能從中獲得好處。

思考提示

- 在什麼情況下辛苦付出能為你帶來更好的結果？
- 在艱困時期，你如何有效溝通，讓成員盡可能保持積極樂觀？
- 你如何在體諒成員的辛苦時，對於組織的最佳發展仍保持聚焦？

111 深藏不露
Still waters run deep

不要因為對方沉默寡言就低估了他的能耐。

團隊成員中有些人比較沉默寡言，即使他們的貢獻同樣有價值，甚至有過之而無不及，卻可能被忽視。一般人只關注當下的運作，純憑直覺反應。相較之下，內省型的人通常能將不同的要點連結起來，而且看到長遠的結果。任何主管都應該具備的重要能力之一，是讓較為沉默寡言的人參與討論，知道他們往往有更可貴的深入理解和觀點。

賽拉錄取一名新同事，她以前曾和對方共事，了解他總是能夠提出平和而周全的建議。他善於吸收資訊並過濾出重點。賽拉知道，每次和這位同事交談都能讓自己冷靜下來，而且獲得很多寶貴的見解。每當她長期聚精會神地專注在個別議題時，都會感染到這位同事的沉著與平靜。賽拉會確保對方不至於被團隊的其他成員低估。

💡 思考提示

- 在什麼情況下你可能抹煞沉默寡言的人？
- 你如何讓身邊相對沉默寡言的人有最好的表現？
- 在任何討論中，你如何確保比較沉默寡言的人也有足夠的表達空間？

112 避免過度努力工作
Beware going into overdrive

> 有時候我們的速度必須加快，但必須提防筋疲力盡。

你知道，只要有需要，你就能隨時進入審慎、敏捷思考以及果決的運作模式。參與快速變化的情境並創造有用的貢獻，讓你不亦樂乎。你享受這種工作環境的同志情誼和成就感，同時也承認它會讓你疲憊不堪。你需要意識到其中的風險，並且心裡有數。你應該安排更多的時間，才能以較緩慢的速度工作。你比以往更需要在週末時擁有自己的空間。

當賽拉可能陷入過度工作的狀態時，最佳解藥就是花時間陪伴孩子們，他們能幫助她用不同的眼光看待生活的其他部分。有時候，她唯一需要的是全心投入孩子的活動，以抵消工作上的活動。有時候，對她最有價值的是一個可以安靜思考的空間，能夠在那裡陪伴孩子、為他們朗讀，或是一起觀賞兒童節目。

思考提示

- 你是否對於進入過度工作的狀態能保持警覺？
- 遇到過度工作可能造成焦慮不安和筋疲力盡的狀況時，你能否看得出來？
- 你能否有意識限制過度工作的時間，並且用比較緩慢的腳步度過週末，以彌補工作上的緊迫負擔？

113 注意心理不平衡
Watch the chip on the shoulder

請注意那些會惹怒你的人事物，不要因此蒙蔽你的判斷力。

我剛出社會時，某位很有想法的老闆問過我，是不是因為沒念過牛津、劍橋或其他名校而感到心理不平衡？他的話就像醍醐灌頂，發人深省。我必須在我是誰、有什麼背景的基礎上前進，不必認為我受的教育不如他人。在進行教練對談時，往往會協助個人重建背景與經驗，把自怨自艾轉化為感恩讚歎，並且完全發揮其獨特背景的優勢。於是，他們的背景變成了匯整觀點的資源，不再是觀看世界時的扭曲鏡頭。

賽拉出身三流大學，她覺得必須努力表現工作效率，證明自己能夠與教育背景更好的人平起平坐。歷任老闆對她的讚賞逐漸改變了她扭曲的自我意象，但是那種對出身自卑的感覺仍偶爾會冒出來，她必須意識到並設法釋懷。

思考提示

◆ 你有沒有潛在的怨恨？

◆ 怨恨如何為你帶來動力和目標感？

◆ 怨恨和自卑會阻礙你進步，你如何減輕這些令人疲憊的感覺？

114 留意自己情緒低落時

Watch if your heart is in your boots

一直悶悶不樂會破壞我們獲得進步的可能性。

希望與期待的感覺能驅策我們向前走。懷抱著對美好未來的想望，可以促使我們保持鬥志。然而，當我們覺得停滯不前，所有的喜悅都會離我們遠去。工作上的樂趣消失了，再也感受不到工作帶來的歡笑。需要有什麼力量能提振精神，幫助我們看見未來的可能性。我們想從別人身上尋求激勵，卻察覺進展十分緩慢。我們知道自己必須蹣跚前進，一步一腳印。

賽拉知道，假使她的孩子不快樂而且她的工作缺乏成就感，那麼人生樂趣就會蕩然無存。當日子過得吃力時，她需要設法保持愉快。她的作法可能是找朋友聊天，朋友會鼓勵她。或者，她也可能去找教練談一談。她知道自己的低潮會傳染給別人，因此必須盡早發現自己正處於低潮。

💡 思考提示

◆ 你即將感到低潮時，會收到什麼警訊？
◆ 你從自己擺脫低潮的作法，觀察到什麼模式？
◆ 你如何降低自己的低潮對別人的不利影響？

115 君子之交
Keep your distance

請注意你的思考模式是否與某些同事過於雷同，以至於限制了你做事的方法？

在良好的團隊中，你和同事建立了親近的關係，但是仍需要保持距離，才能在評估何種工作關係的生產力比較好的時候，保持客觀。與某人的關係過於親近，意味著你可能吸收了他的偏見，而且會以不利的方式模仿對方的行為。無論是怎樣的工作環境，你都應該提醒自己：「為了能在判斷現況時保持客觀，我有多擅長與他人保持合理的距離？」

賽拉覺得她和某位信任的同事十分合得來，可是她也知道自己的思考和意見務必要維持強烈的獨立性，才能發揮最大的效果。她和這位夥伴兼同事能夠互相扶持，然而有時候她們兩人都必須表現出各自獨到的貢獻。假如她們總是意見一致，會被當成串通好的，不會被認真看待。

◦̇- 思考提示

◆ 在什麼情況下你和某人太親近會對自己有利？
◆ 你如何同時維持堅強的互相支持和有效的挑戰？
◆ 在什麼情況下你對同事過度保持距離？

116 貓有九條命
A cat has nine lives

一次小錯誤或明顯的失敗，未必會有致命的後果。

我們也許會害怕只要一步走錯，整個生涯就會毀於一旦。我們擔心說錯話或做錯事，唯恐聲譽會一落千丈，萬劫不復。我們認為，只要犯一次錯就會被這次的失敗糾纏一輩子。但我們也觀察到，有的人似乎總是能在重大事故之後東山再起，或許可以從他們的經驗中獲得慰藉，知道自己也能從不幸中捲土重來，那麼失敗能帶給你的教訓會比表面上的成功還要多。

賽拉不斷遇到這樣的狀況：不是她的提議效果不如預期，就是惹火了重要人士。她有很好的調適能力，即使面臨別人眼中的災難處境，她也能浴火重生。當事情的發展不對勁，以致她的名聲岌岌可危時，她能證明自己在其他方面的進展有多好。她的快速反應能力常讓自己陷入棘手的狀況，卻也幫助她迅速重建聲譽。

思考提示

◆ 你如何擺脫痛苦的處境而重新出發？
◆ 你如何平衡表面的成功和實質的進步？
◆ 在什麼情況下你需要利用貓的靈巧？

117 遊手好閒是萬惡之本
An idle brain is the Devil's workshop

要是我們不忙碌的話，情況就會變得糟糕嗎？

比較不忙碌的時候，是個大好機會：可以用來增進學養、思考新領域，或是完成優先順序較低的工作。不過，一旦壓力不在了，我們往往會耽溺在問題裡而難以自拔，以至於適得其反。例如，當我們的作法並沒有達到預期的效果，可能會一而再、再而三地檢討出錯的地方，然後專注在別人的無能或卑鄙行為。只要沒那麼忙碌，我們就會開始糾結於虛幻的恐懼，或者全神貫注思考著如何操縱情境來迎合我們的目的。

賽拉知道，如果手上的時間太多，就會無中生有地看到許多假想情節。要是她有太多時間去思考某人的動機，很有可能會專注在消極的風險而非積極的機會。

💡 思考提示

◆ 你如何確保自己在優閒時刻會專注於機會而不是威脅？
◆ 在什麼情況下你會因為關注於操控性的行為，以致扭曲了真正的現況？
◆ 你如何發現自己因為私心而想要操控情境？

118 預防勝於治療

An ounce of protection is worth a pound of cure

與其在復原方面花費，預防是更好的投資。

每一個專注於公共衛生的組織都相信：對預防的投資，長期下來可以為醫療支出省下非常可觀的金錢。我們保護孩子，盡可能降低他們遭遇身體意外或情緒創傷的風險。當某個計畫出錯了，我們會設法保護有效的部分，同時解決潛在的問題。乍看之下，保護是個負面觀念，可是我們的出發點是想要培育有益的部分，讓它在未來能繼續累積。那麼，這會是良好的作法。

賽拉被告知，她的部分計畫並沒有符合上司們的預期，其中有些根本問題有待解決。賽拉知道問題出在哪裡：她一開始就找出組織內運作順暢的部分，先行保護這些良好的特質，然後針對其他方面進行改革。組織裡有一些元素是她想要保育的，它們將會開花結果。然而，這個組織需要全面翻新才行。

💡 思考提示

◆ 你如何只保護優良的部分，不會一視同仁而過度保護？
◆ 如果某個狀況需要徹底重新檢討，有什麼因素能使你看出可在任何情況下累積的優點？
◆ 在什麼情況下你的保護行為會造成反效果？

119 好的開始是成功的一半

A task begun is half done

一旦出發了，我們就是在抵達目標的半路上。

通常計畫或任務最大的障礙，在於決定計畫或任務為何。我們想要清楚知道各部分的元素如何結合在一起，以及目的地是哪裡、最終目標是什麼。當我們感受不到動力，而且仍在研究如何解決問題，可能會心情低落，感到挫敗。只要我們有了計畫並踏出第一步，就是走在前往目的地的路上，即使目前只有一點點進步。

賽拉目前完全仰賴某個重要委員會的決定。只要他們同意某個計畫，她知道自己有能力將它徹底實現。這其中的關鍵在於尋求背書的那個初始簡報委員會。當他們取得支持，任務就啓動了。賽拉知道自己早就為了實現計畫做好萬全準備。

思考提示

◆ 在什麼情況下你能看出某個任務或計畫已經有好的開始？

◆ 你相不相信，只要計畫有正確的起頭，就會順利實現？

◆ 有什麼因素能使你從構想進行到啓動任務？

120 美麗僅存於膚淺的表面
Beauty is only skin deep

不要被表象吸引。

我們會因為看起來很完美的事情而震驚得瞠目結舌，不相信自己能創造具有同樣品質的產品或成果。我們把某人當成理想的新人，卻沒有想過應該徹底了解對方的背景，知道他是否有什麼習性。每個人都有怪毛病，一個有益的態度是：欣賞某個人或情境的特性，同時也承認其中會有令人緊張或不完美之處。唯有當我們承認不完美，才會有務實的進展。

賽拉知道正在和她商談的承包商都想提供完美的產品。她試探對方，想知道他們如何應付突發事故，以及萬一時間表遭到質疑，他們將如何恢復信心。她對他們的應變和反應能力施加很大的壓力，因為她知道只要計畫啟動了，難免都會遇到問題。賽拉很欣賞承包商能把計畫案包裝得整齊美觀，可是她很清楚流暢亮眼的簡報可能意味著承包商重視的是表象，而非可持續的成果。

💡 思考提示

- 在什麼情況下你可能會被完美的表象吸引？
- 假如簡報充滿花言巧語，你如何評估實質的提議？
- 你如何了解最重要的是本質而非簡報？

121 寧願耗盡，不願鏽壞
Better to wear out than rust out

保持活躍和參與，勝於孤立和無能為力。

無論在任何年齡，保持活躍和參與，對心理靈活性、身體健康和情緒健康都是很重要的。若是能讓大腦保持活躍、讓內心對別人的需求敏感，我們便能對周遭世界更具反應力，對不同的情境和需求也更有適應力。假使我們不動如山，心靈會僵化、體質會退化，情緒會變得麻木不仁，也會因為孤立而扭曲。我們會面臨被時間僵化的風險，無法和潛在的夥伴或合作者有效相處。

賽拉規律地平衡動與靜兩種需求。她追求心理、精神、身體和情緒的持續靈活性與活躍，藉此成長茁壯。她也知道靜止與反省的時間非常重要，但是她並不想長時間保持不動，擔心如此一來會過度固著在自己的做事方法與狀態。或許太強調保持活躍的需求，但是她認為這是自己維持平衡與幸福的最佳途徑。

-☼- **思考提示**

- ◆ 有什麼因素能使你在身體、心智、精神和情緒等方面保持活躍與敏捷？
- ◆ 在什麼情況下你會把自己弄得疲憊不堪？
- ◆ 在什麼情況下某些觀念會開始僵化？

122 柿子挑軟的吃；從最簡單的下手

Cross the stream where it is at its shallowest

實際一點，不要自找麻煩。

我們會遇到逞強的時刻，想要證明自己能把困難的事情處理得很好。有時候我們會勇於冒險，想示範某些事也可以用前所未有、從來沒有人能想像的方式完成。思考有什麼方法能最簡單而直接地獲得成果，對我們是有益的。我們可能會把完成目標所需的步驟想得過於複雜，這時，你可以問自己一個很有幫助的問題：「如何用盡可能簡單而俐落的方式從這裡到達目的地？」

賽拉有時會問一個問題：「假如只用兩個步驟從 A 到 B，該怎麼做？」這個技巧是為了提示大家專注思考最簡單而直接的解決方法。她知道接著再探索複雜的方法是正確的，可是她想要從直截了當的提議開始，然後才去檢驗複雜的方法和風險。

💡 思考提示

◆ 有什麼因素會妨礙我們看見直截了當的解決方案？

◆ 在什麼情況下你可能會渴望複雜的解決方案？

◆ 以下這個問題有多大的用處：獲得成果所需的兩個關鍵步驟為何？

123 你歡笑，全世界跟著你笑
Laugh and the world laughs with you

微笑有感染力，咆哮是傳染病。

模仿他人的行為是一種自然反應。當我們微笑，別人也會報以微笑。當我們看起來暴躁乖戾，別人也可能以暴躁乖戾的方式回應我們。將幽默感帶進會議中，能讓人看見事情有趣的一面，可以舒緩會議的緊張氣氛，大家對於參與會議也會抱持正面的心態。如果會議能在高昂的氛圍之下結束，大家都帶著微笑散會，便可能留下愉快的會議記憶，而不是將它看成痛苦的折磨。取笑某個狀況，可以使交談變得輕鬆。但取笑別人則會製造一種不安，讓人擔心自己也將要被取笑。

賽拉具有開朗的舉止，讓人很容易因為她而面露微笑。她知道，如果別人和她一起工作時能感到愉快，他們更有可能對她有求必應。無論置身在任何場合，她總是在尋找幽默的一面。她會稍微捉弄別人，被捉弄時也會很開心。她在團隊中培養了同志情誼，讓大家能夠一起歡笑。

思考提示

◆ 你的微笑有多大的感染力？
◆ 你如何利用幽默使交談變得輕鬆？
◆ 你如何為嚴肅的會議帶來快樂？

124 確保你的積極度

Bottle the positives

假如艱難處境的積極面能被留存，將可以成為未來的良好基石。

有個組織經歷了新冠肺炎疫情，談到 "Bottle the positives"。這個隱喻是很不錯的方法，可以讓我們留住在家工作以及必須快速回應環境變遷所帶來的正面改變。透過善用數位機會，有許多障礙被打破，新的工作方式也被迅速引進。但其中的風險是，等到封城措施結束後，人們很可能回復到以往的工作模式。因此，我們會希望在執行工作和共事等方面所取得的突破，就長期而言是具有價值的。

賽拉先前因為每週有一天在家工作，產生了輕微的罪惡感。後來，很多人都在家工作，此舉成為被接受的工作規範。賽拉認為，人們在家工作是一大突破，她希望確保將來的各種工作方式，都能夠平衡虛擬工作，以及與同事一起在實體空間的工作。

思考提示

◆ 你如何找出危機的積極面？
◆ 你如何掌握並保持工作實務中的正面改變？
◆ 組織在經歷騷亂之後重新出發，你想確保哪些基本價值不會因此消失？

PART 5

你應該注意
的風險

Risks to watch:
beware lest you...

125 嗤之以鼻

Turn up your nose

請避免讓身體語言反映出你的不以為然或驕傲自大。

你努力工作且獲得成果，卻得到「沒有多少幫助」的評論。你感到不悅，認為對方的意見根本是無稽之談。你知道必須參考這樣的評論，而且應該保持耐性。但是你感到氣惱，臉部表情洩露了真實心情，其實你認為該評論文不對題、毫無幫助或者簡直是個錯誤，不想把它當一回事。你想要以最具建設性的方式回應對方的意見，但還來不及仔細考慮該如何做，你的反應已經透過身體語言送出了信號。

哈利知道自己有時候看起來態度輕蔑，同事從他的身體語言就知道接下來他會說什麼：他的行動和言語想必會帶有不以為然的味道。他想要動員的部分依序是大腦、嘴巴，然後才是身體，卻往往是身體先動，再來是嘴巴，最後才是大腦。每當哈利的談吐方式開始呈現出不贊同的暗示，他需要有信任的人來提醒他。

💡 思考提示

- 在什麼情況下身體語言會出賣你的心態？
- 當你正在思考回應方式，如何保持中性的臉部表情？
- 在什麼情況下，提前露出不同意的信號是有益的？

126 糊口度日
Live from hand to mouth

請避免只顧著眼前的事，卻沒有為將來做好準備。

有時候我們必須活在當下，不應過於操心未來。有很多等待完成的事，但只能優先處理眼前的事務。然而，我們永遠都有機會開始往前看，知道前方正在發生什麼並從中獲得領悟。如果我們一向只知道活在當下，那些能思索未來的人會把我們拋在身後，留下我們陷於困境。只關注眼前，以為自己一直都在做正確的事，卻會看不見某些後果。那些後果是我們早就應該處理，卻一直沒有時間去做。

哈利樂於解決眼前的問題。劃掉待辦事項清單的項目，讓他得到很大的滿足感；他知道自己在哪些事項贏得人們的支持。身為政治人物，他明白不只需要贏得民眾的短期支持，也需要對未來的方向提出主張。他需要樹立聲望，在大家心目中成為能夠制訂連貫的前瞻方向的人，而非只有解決眼前問題的能力。

思考提示

- 在什麼情況下純粹只關心眼前的問題是正確的態度？
- 有什麼因素會阻礙你專注於長遠的考量？
- 你如何為自己的將來做好準備？

127 裝瘋賣傻

Act the goat

請避免做出別人眼中的蠢事。

我們想要獨樹一格，想要證明現狀是不會持久的。我們認為某些證據不容質疑，試圖據此提出合情合理且富有建設性的論點。我們似乎無法取得進展，在無計可施之下只好改走譁眾取寵的路線，因此吸引了一些追隨者，並認為自己已經有點成果。但是我們無法確定，他們是把我們看成離經叛道還是思慮欠周。我們知道，在吸引別人的目光之後，就必須重新提出一套理性且論證嚴謹的主張。

哈利有時候會大談特談空中樓閣，藉此引人注目。他願意冒險裝瘋賣傻，只為了讓別人聽他說話。哈利在成功吸引注意力之後，就會深入他認為非常重要的關鍵論點，並且利用許多扎實的證據進一步闡釋。哈利確實明白，他的作風可能會玩得過火，讓自己看起來怪異又愚蠢。

> 💡 **思考提示**
>
> ◆ 假使你的言論已經越線，可能被當成荒謬或愚蠢，你能否有自知之明？
> ◆ 你是否知道如何抓住別人的注意力，卻不必敗壞自己的名聲？
> ◆ 基於良善的理由而願意讓自己顯得有點愚蠢，能夠累積相當程度的好感。你能否接受這麼做？

128 趾高氣揚
Ride the high horse

請避免把別人的高見看成毫不相關的事。

一匹強壯的馬衝過田野，壓垮了矮木叢。人們害怕自己受傷，沒有人敢靠近馬。有時候，我們會利用自己的地位，自以為是地主張某個作法，相信目前需要有個明確的方向，並因為我們的論點所具有的力量，預期大家都會跟著走。我們這麼做的風險，在於對某些人自認觀點被壓制的感受太過遲鈍。他們敬鬼神而遠之，不想被我們強勢的煽動語言踐踏。

哈利承認自己喜歡指導別人該思考什麼。他年輕時很欣賞某位自由教會的牧師，從政之後也在演講中採用了那位牧師的某些技巧。他知道有時候說話必須壓過起鬨的人，因此養成了武斷甚至尖酸的風格。哈利也了解這是很危險的，他的作法顯然過於激烈又自以為是，而且不願意傾聽那些選民有何想法。

思考提示

◆ 在什麼情況下你是在誇大自己的主張？
◆ 在什麼情況下你變成了尖酸刻薄又缺乏同理心？
◆ 你如何判斷何時應該軟化語調？

129 玩火自焚
Play with fire

假如你進入了爭議領域，請注意潛在的不良後果。

對大多數族群或團體來說，都會有一些爭議性話題。當你進入那個領域，必須意識到自己的言論會被放大檢視。如果你提出一個爭議已久的議題，可能會平地起波瀾。假如你提議的作法會引起情緒化反應，風波更難以避免。萬一那是一個非考慮不可的爭議性議題，事前的周全準備絕對不可少。你必須讓參與者願意盡可能理性地討論，不會讓根深柢固的情緒化反應遮蔽了判斷力。

哈利很清楚，他的地方黨部在某些議題上意見分歧，因而大家都不去碰觸。哈利知道如果他所提出的觀點和當地的同志不合，將會打擊他的支持度，他必須務實地折衷自己的政治信仰與地方黨部內部的偏好。然而，有時候他覺得別無選擇，必須表明何以無法認同地方黨部，同時知道這是賭上了自己的政治前途。

💡 **思考提示**

◆ 在什麼情況下你會避免踏入爭議領域？
◆ 明知道自己的提議勢必招致反對，你如何選擇提出的時機？
◆ 在什麼情況下，談論爭議性話題是有益的？

130 不小心說溜嘴
Let the cat out of the bag

請小心是否要分享還不夠成熟的想法。

一旦你知道了某個資訊，就很難回到以前不知道它的狀態，也無法在回答相關問題時如同一張白紙。你正在構思某個想法，在它還無法以更完整的形式呈現之前，如果你向別人暗示這個作法的可能性，將會造成反效果。我們必須不斷提醒自己：描述事情的方式是根據我們全部的知識，而我們知道的可能比意識到的還要多。

哈利喜歡和記者互動，卻總是保持戒心。有時候他會故意向記者透露某個想法，知道這個消息會被放進新聞報導中。至於其他情況，哈利會盡力忘記，才不會暗示接下來可能的作法，雖然他已經知道會有什麼打算。他不想這麼虛偽，但在事情還沒成熟之前就洩露消息，可能會讓構想見光死。

思考提示

◆ 在什麼情況下你會在無意間把別人告訴你的機密資訊流出去？

◆ 有什麼技巧能幫助你假裝不知道某些私密資訊？

◆ 在什麼情況下你需要加倍謹慎，才不會失言而造成適得其反的結果？

131 四處奔走
Rush from pillar to post

請避免從一種可能性跳躍到另一種可能性，卻未深思自己的行動。

當生活顯得瘋狂忙亂時，我們從一項任務趕赴另一項任務。我們的成就感可能來自劃掉待辦事項清單上的項目，或是能在一天內塞入愈多會議愈好。我們相當享受密集的工作和一點一滴的進展。可是，這種狀態會讓人感到匆忙、狂熱，永無止境。我們必須強制中止，休息一下。必須為工作訂出輕重緩急，了解只要夠好就是夠好。我們也需要知道，如果要分配時間去做超越眼前工作的任務，就表示當下有些事情是不需要做的。

哈利正被沒完沒了的電子郵件轟炸，而他覺得自己有義務回覆這些信件。前一分鐘的信件中關心的是廢棄物收集，接著是教育，然後又冒出某家醫院的問題。他感到自己不停地被追著到處跑，完全無法決定事情的輕重緩急。他知道自己需要為眼前的事務留出足夠的時間，但也要保留時間給重要及長遠的工作。

💡 思考提示

◆ 在什麼情況下你可能無法停下來？
◆ 你如何停止從一件眼前的事務跳到另一件？
◆ 你如何設法保留時間給重要及長遠的工作？

132 小題大作 / 大驚小怪
Create a storm in a teacup

請注意你可能會在某個小議題挑起爭論，讓它吸引了重大議題才會擁有的關注。

你可能看過這樣的情況：有人在某個小議題引發爭論，引起了原本會處理更重要問題的人們的大量關注。你看過有人全神貫注在某個議題不肯罷手，但此刻顯然不是在該議題上進行改革的時機。當你想要引起爭論時，務必小心，應該看清楚你的介入會造成怎樣的觀感。

哈利有時候會針對地方議題審慎地表達具有爭議的看法。這個作法有時可行，但有時也會被指責過度關注小議題，沒有把心思放在他的選區中最根本而影響深遠的議題。他知道自己僅能製造有限的媒體興趣，因此逐漸對於他要挑起爭論的議題變得更謹慎。

💡 思考提示
- ◆ 在什麼情況下你會故意引起爭論？你會怎麼做？
- ◆ 別人製造了地方型風暴，你從其中的成功或失敗之處學到什麼？
- ◆ 你如何阻止自己製造不必要的風暴？

133 美中不足

Are the fly in the ointment

請注意在什麼情況下你可能會壞了好事。

我們可能會下定決心要支持某個觀點，也看得出其他人正在針對不同作法而凝聚共識。我們不想干擾別人對於未來的優先工作形成共同見解，但也認為他們無視我們的觀點，是一種不尊重且極為短視的態度。我們反問自己，哪一種發展比較好？一種是大家沒有參考我們的論點，但對於未來有統一的作法，而且仍然得到合理的成效；而另一種是我們繼續大力宣傳自己的觀點，雖然它得不到任何關注。

哈利喜歡當叛逆分子，想要有別於同黨的政治人物。但是，假如政治對手試圖在哈利和同黨同志之間見縫插針，他會變得非常敏感。他想要與黨內同仁保持和諧，同時又能具說服力地表達相反的意見。哈利和黨內同仁都能接受他可以在某些情況主張不同觀點，而他們也同意哈利是值得珍惜的同黨同志。

思考提示

◆ 假如你決定跟隨大多數人的觀點，能保持審慎的態度嗎？

◆ 假如共識逐漸浮現，你在表達相反觀點時能深思熟慮、謹守分寸嗎？

◆ 有時候你會感到被孤立而需要撤銷反對立場，你能接受這種情況嗎？

134 病急亂投醫
Clutch at straws

請注意你是否堅持使用次要或未經證實的證據，來支持自己的觀點。

你可能還記得某個狀況：在爭辯中，你開始屈居下風，於是跳針似的不斷重複同樣的資訊，並且將它說成重要證據。你知道比較好的作法是停止爭論，豁達地撤退，若不是坦然接受自己辯不過對方，就是等到有了更堅實的證據基礎，再組織新團隊捲土重來。你意識到當自己被逼到牆角時，其危險在於自己會緊抓住已經過時的觀點或假設。

哈利知道有時候自己會過度堅持某個假設。他承認自己未必能保持思考的彈性，有時太過依賴某些「殺手級」事實了。他必須為自己的證據基礎增補新內容，還要慎防將解決問題的方法單純地奠基在少數實例之上。他必須不斷檢驗思路，確保自己的論點有更多證據支持。

💡 思考提示

◆ 在什麼情況下你會過度依賴一、兩件重要的事實？
◆ 若有新資訊能反證你先前所堅信的事實，你的心態有多開放？
◆ 在什麼情況下，你會決定採取全新的方式思考某個議題，並且尋找新證據？

135 孤立無援
Are left high and dry

請避免被孤立以及感到絕望。

關於下一步該怎麼走，你主張某個作法，也自認為能獲得大力的支持。但是，同事並未大聲支持你，讓你有點意外。話雖如此，你依舊假設很多人都有共同的利益，而你的觀點終將獲勝。後來，你開始了解到自己的提議正在逐漸流失支持者，當你發言時也沒有人聲援。你有點懊悔，沒想到自己可能落得孤掌難鳴的下場。

哈利意識到他的公開談話若不是獲得大量支持，就是乏人問津。當他承諾支持特定目標時，知道必須對此保持關注，確定它是否持續被認為是重要事項。他已經多次發現自己持續支持著連自己都失去興趣的提案，進而陷入了被視為過氣且脫節的風險。

💡 思考提示

◆ 在什麼情況下你的支持者會棄你而去？

◆ 你如何與需要的支持者保持聯繫？

◆ 在什麼情況下，你就算被孤立，成為唯一的聲音也無所謂？

136 寵壞的小羊會成為壞脾氣的大羊
Nurture a pet lamb who becomes a cross ram

請注意是否有人被你過度保護，後來變得沮喪且可能具有破壞力。

你想要幫助其他人，想栽培正在工作上掙扎的人。你非常關心他們，卻很有可能變成過度保護，沒有讓他們從挫折中學習。你記得自己曾經寵壞別人，導致他們沒有養成應付失望和衝突的能力。當他們遇到比自己更死纏爛打的人時，不知道如何與之和睦相處，以至於幻想破滅而變得沮喪。總有一天，他們會怨恨自己被過度保護，對於組織生活裡的艱辛與跌跌撞撞一無所知。他們不是變得過度敏感就是過度遲鈍，成為難以相處的人。

哈利熱中於挑選能幹的年輕支持者。他教導他們，但是期待他們未來能妥善應付棘手的會議，不需要他太多的保護。哈利知道，為了讓這群年輕人成為有力的擁護者，他們需要培養適應力，無論將來面對什麼樣的狀況，都能保持平衡與得體。

💡 思考提示

◆ 你能否樂於栽培年輕的人才而不會過度保護他們？

◆ 假如人們需要經歷困難處境才能從中學習，你能否避免阻礙他們？

◆ 你能否樂於讓別人獨立，使他們不再生存於你的呵護之下？

137 貪多必失
Grasp all and lose all

在所有考量尚未釐清之前，請注意不要過早堅持某個結果或選項。

你想要加緊腳步獲得結論。有一個初步結果看起來很吸引人，你認為足以滿足自己的要求。你設法迅速關閉對話管道，因為你已經看到了解決之道。但在這一類情況中，多一點耐性是有益的。你可以多聽一些人的看法，更全面地測試不同的方案。首先要了解自己在測試結束時想要達成的目標，才有助於盡早做出決定。

哈利意識到自己缺乏耐性，並因此在對話中得到不成熟的結論。他必須不斷提醒自己，一定要等到大家開始接受某個作法。假如他試圖盡快結束對話並且預設大家有了協議，可能無法獲得其他人完全同意。他需要窮盡一切力氣或檢討過所有選項，進而判斷同事是否準備好為某個他喜好的作法背書。

💡 思考提示

◆ 當你想要速戰速決，如何自我克制？
◆ 你如何經由細小的步驟而非大躍進來取得協議？
◆ 假如你想盡快獲得結論，有什麼因素能幫助你面對相關損失？

138 走進死胡同
Run into a brick wall

對於哪些障礙無法克服，請保持敏銳的觀察力並實事求是。

我們都看過不切實際的人，他們不知道有些障礙是無法跨越的。如果已經沒有經費，那麼持續推出提案要求更多資助，不僅會讓人氣餒，也是浪費時間。優秀的領導者會評估何時有希望成功推案，以及何時被拒絕是無法避免的。任何一個障礙都應該被認真檢視，看看你的選項是繞開或是跨越它。有時候，你必須同意某個障礙是無法動搖的，至少在可預見的未來是如此。

哈利想要改變他的政黨在某方面的政策，他闡述自己的見解，並且自認為是個動人的論證。但是，黨內有很多根深柢固的觀點。換句話說，他的方法沒有多少吸引力。他想要不屈不撓地主張自己的看法，卻必須提醒自己：在最近的未來，這麼做可能是在浪費時間與精力。不過，終有一天人們會有進步，或者對於全新的思考方式能抱持開放的心胸。

💡 思考提示

◆ 你如何判斷某個障礙是無法動彈或不可跨越的？
◆ 有什麼因素能幫助你獲得先見之明，看出前方有重大的障礙？
◆ 有什麼因素能幫助你把速度放慢，並客觀地檢視潛在的阻礙？

139 狗吠火車／徒勞無益

Flog a dead horse

請避免重複的相同論點，以免得到愈來愈負面的反應。

我觀察到有些人會對於某個論點特別著迷，打死不退地堅持相同的主張，其他同事愈來愈受不了一再被他們干擾。當你的主張行不通時，最好收手，重新組合，並且同意大多數人的結論。或者你也可以根據新證據重新建立主張，然後選擇另一個時機支持你認為正確的行動方案。

哈利會根據不同證據來構思論點，並在許多場合提出來，持之以恆地支持他的主張。他善於利用幽默來引起大家的興趣，但也知道在什麼時候必須停止並退出。他會提醒自己要分析成功的機率，才不會在失敗的事項上浪費時間。他需要保持開放的態度，願意修正偏好的作法。

思考提示

◆ 你如何評估自己的觀點是否正在贏得支持者？

◆ 假如你因為面子而堅持不肯退讓，會有什麼風險？

◆ 你有多樂於承認自己只是為了說而說，並非因為相信自己所說的？

140 一步錯，步步錯
Slide down a slippery slope

請避免陷入不容易辯護的處境。

你容許大家在星期五可以提前半個小時下班，隨後員工開始期待星期五能提前一個小時下班。你建立了一項讓步措施，使得員工開始得寸進尺。另一個狀況是：某人的行為近似霸凌，但是你決定不過問。幾個星期後，有人向你回報，這個人對另一個人提出不合理的要求。你領悟到自己容許了可接受行為之範圍的改變，如今感到後悔莫及。

哈利試圖在回覆信件方面自制。剛開始行動時，他告訴自己，某些信件必須暫時擱置：他逐漸習慣了不再像以前那樣有來信就迅速回覆。祕書對哈利說：「你的標準下滑了。」一開始，哈利對這個看法氣急敗壞，但是他承認自己確實慢慢降低了對於回應社會大眾的重視。

💡 思考提示

◆ 在什麼情況下你讓自己的標準下滑了？
◆ 在處理優先事項與人員的方式上保持一致，讓你感到多大的困擾？
◆ 有什麼因素能幫助你在特定領域維持重要的標準？

141 臨陣脫逃
Be alert to when you have cold feet

請注意為何你對於某個行動方案愈來愈提不起興趣。

你強烈認為某個方法是正確的，並且組織了支持某個路線的論點。但你注意到自己對於這個行動方案的熱情正在減退，不明白為何猶豫不決的感受會日益增強。對某個行動方案感到遲疑，正好能提供有用的資料讓我們思考裹足不前的原因：是為了找出更有力、周延又合乎邏輯的理由？還是出於情緒方面的擔憂，想要避免讓人不舒服的潛在負面評論？

哈利善於判斷支持特定方法會得到多少支持，然而，有時強烈的情緒反應會妨礙他採取某個作法。這種情緒反應常表現為生理反應的形式，例如他會覺得發熱或流汗。他看得出來問題的根源在於擔心被重視的人反對，以致他有這種情緒反應。他知道，遇到這類狀況時必須讓理性勝過情緒，不可以對於他人的批評過度敏感。

💡 思考提示

◆ 你是否注意到自己對於接下來某個作法的熱情不見了？
◆ 你是否觀察到身體正在表示某個狀況存在的危險？
◆ 你是否會設法找出自己裹足不前的原因？

142 期待萬無一失
Expect everything to be copper bottomed

你是否認為所有證據都會百分之百支持你喜歡的選項？

在危急狀況下，你必須根據現有的任何證據做出決策。你思考這些證據的意義，以及不同行動方案的利弊得失。因為有太多難以預料的事，而且這些證據並不是指向單一作法，所以沒有一個你喜歡的解決方案是完美的。遇到必須迅速做決定的情況時，你就不得不依靠殘缺不全的資訊。

如果數字一直在變化，哈利總是會生氣。如果別人手上的資料指出的方向不同於哈利偏好的行動方案，使得他喜歡的選項被否決，他會更加不悅。哈利曾在慈善機構任職，因此他知道決策的基礎必然是不完整的資訊。哈利不斷告訴自己：他的工作是看出不同資訊之間的關係，並且在這樣的情況下做出最好的判斷。

☀ 思考提示

◆ 你能否避免在決定行動方案時追求完美？

◆ 你能否謹慎判斷哪些是會左右你思考的重要資訊？

◆ 你是否會設法影響大家對於取得某些數據或分析的期待？

143 掃興之人

Are a wet blanket

請避免不斷壓抑人們解決問題的動力。

每個團隊都需要有人能指出提議的行動方案有何缺點，並且拋出困難的問題。如果這個角色與同事之間對此有所約定，就能表現得很稱職，並知道自己將注意力導向意料之外的後果，對於探討議題及未來的步驟，都是很有價值的工作。在提出具挑戰性的負面論點時，必須掌握的技巧是：尊重大家正在追求的目標以及付出的心血。

哈利知道有些人認為他脾氣不好、心態很負面。他能一眼就看出哪些構想會搞砸，也知道自己發現問題的能力勝過找到解決辦法。他會設法確認在什麼情況下自己的評論可能被當成毫無益處，並說明其中的理由，同時完全尊重大家為了解決問題而付出的努力。他希望大家認為所有付出都是值得的，即使還沒有找到正確的解決辦法。

💡 思考提示

◆ 在什麼情況下，你會打擊別人的構想，卻沒意識到自己做了什麼事？

◆ 你如何同時表達謹慎和熱情？

◆ 你如何在對談中平衡地表現挑戰和讚賞？

144 得意忘形
Get carried away with excitement

請注意你的熱情是否超出了證據基礎。

初步的成功會讓人雀躍不已，我們因此相信：繼續朝某個方向前進，必能創造前所未有的佳績。我們滿懷激情與熱情，堅信天下無難事。這種現象的風險在於，我們會興奮過頭，以至於沒有對危險信號提高警覺，也會認為那些動機與我們相同的人遠比實際上還要多。

哈利支持六十歲以上人士的受教育機會，非常熱中於強調其重要性。他把受教育看成讓人保持健康及生活樂趣的方法，可是同黨的其他人並沒有看重它的優先性。他們在口頭上表示支持，但是面臨應該如何分配政府經費時，黨內同仁優先支持的是學校教育。哈利並不想放棄為六十歲以上人士爭取教育機會的熱情，同時也承認他會失去黨內年輕人的好感。

💡 **思考提示**

◆ 眼前的機會有什麼會讓你興奮的？

◆ 那些興奮感具有多扎實的事實基礎？

◆ 你如何利用興奮感產生的動力，確保能實現自己特別期望的進展？

145 有眼無珠
Are viewed as being as blind as a bat

請注意你是否因為沒有能力看見明顯的事實而出問題。

你一心一意地追求某個目標，凡是與你偏好的前進方向不協調的觀點或因素，你都看不見或忽略了。這樣的作風能給你目標感，卻會讓你看不見風險，或是對新資料的意義、無法預見的事件等缺乏警戒心。其他人開始看見問題正在浮現，但在他們眼中，你只是堅持不懈地專注於個人或是以往大家協議的目標。

哈利知道有時候他會過於專注自己的利益，總是堅決地盡力說服別人支持他喜歡的特定結果。他的果決是一大資產，也是一大風險。哈利未必能發現逐步逼近的麻煩，或者考慮到趨勢正在轉變，可能會影響他想達成的目標。他知道身邊需要有值得信任的顧問充當耳目，警告他注意即將發生的問題。

💡 思考提示

◆ 在什麼情況下你會因為自己的利益而變得目光狹隘？
◆ 有什麼是你不想看到，因此不會去注意的？
◆ 誰是你的「雙眼和雙耳」？

146 成事敗事，一線之隔

Are seen as a peppery individual

請避免你的參與是弊大於利。

有些對談看起來十分乏味，進展有限。你想調整氣氛，貢獻一個違反潮流的觀點或是拋出一個問題，藉此轉變對話的方向。你想擴大爭辯，讓大家多一點活力。你想在交談中添加些許柴火，把大家推出個人的舒適圈，往新的方向思考。你故意挑釁，但同時對於自己的插話會如何產生作用保持敏感。這個方法如果能審慎地操作，就會是個強大的刺激；過度操作的話卻可能造成混亂。

哈利喜歡在對話中插入挑釁的問題。他知道這個方法是優點，但若是做過了頭也會成為麻煩。假如大家都準備好進行一場高品質的辯論，這麼做會加分。然而，如果有些人認為哈利的意見有某種程度的不可預測性，對話反而會更加停滯不前。

💡 **思考提示**

◆ 在什麼情況下，你會覺得會議太沉悶，想要炒熱氣氛？
◆ 你如何提出挑釁的問題，而且能導向良好的對話，不會造成磨擦？
◆ 在什麼情況下你能克制在會議中挑釁的欲望？

147 牆頭草，風吹兩面倒
Are always sat on the fence

請避免被人當成只會模稜兩可、含糊其詞的騎牆派。

坐在堅固的圍牆上，你有機會看到風景裡的不同元素。坐在鐵絲網圍牆上，你無法專心，也很不舒服。有時候，我們會掃視整個場面，思考該走哪一條路。大家都期望領導者能在適當的時機做出決策。一拖再拖的作風就跟判斷錯誤的決策一樣，會破壞領導者的威信。

哈利感受到同事要他支持某個提案的壓力。但哈利需要時間跟幾個人討論，也知道自己不能拖太久。他說，給他十天的時間先和幾位重要人士討論，他就會決定自己的看法。十天後，哈利知道自己必須表示意見。他的信譽全仰賴於其觀點會不會讓人覺得是經過多方權衡且深思熟慮。

💡 思考提示

◆ 在什麼情況下，直接說明還沒確定的意見，是有益的作法？
◆ 在什麼情況下，先說好若干時間之後再表示意見，是有益的作法？
◆ 你如何評估自己的拖延會造成別人的不滿？

148 處事輕率無常
Are seen as playing fast and loose

　　請避免你的行為被當成不負責任，而且是在利用某個情境卻無視於前人的付出。

　　關於某個提案未來的步驟，你以為已經和某位同事建立了共識。有人告訴你，你的同事向別人說出了稍微不同的訊息，而且把自己當成是主要的貢獻者，完全不提這是共同努力的成果。你不確定自己所聽到的內容是否精確，有沒有被扭曲。你選擇在某個時機公開跟同事討論你在意的事，結論是兩人的看法依然一致，而你先前收到的訊息並不準確。

　　哈利的思慮敏捷，能夠看見機會如何演變。當他看見環境發生變化，在描述特定作法的基本理由時，措辭也會跟著調整。他必須特別注意和同事保持溝通，說明自己的觀點為何改變。哈利知道維持信任是關鍵，應該讓同事知道他在傳達的訊息，以免造成誤解。

思考提示

◆ 在什麼情況下你會太過超前，以致失去別人的信任？

◆ 你如何確保快速行動不會看起來像是不負責任？

◆ 在什麼情況下你需要刻意停下來，好讓其他人跟上？

149 惹禍上身

Get into hot water

假如你開始造成他人不和，請小心應付。

周圍的人會期待我們未來的作為，以及如何與他們互動。我們假設他們是友好的，並在執行構想時相信大家都會自動支持這些言論和行動。我們可能會預設，不管怎麼做都會得到支持和贊助，卻不知道由於我們脫離以前的作法，已經在無意間製造了紛爭。我們不會意識到這個問題，直到必須面對憤怒群眾的想法。

哈利經常和同事有輕度的矛盾狀況。他滿腹構想，而且多次與在地人士談話後，就會不斷地想要推出提案。他知道自己的重大觀察來得太快，以至於所說或所寫的事情，會被別人看成是毫無根據的空談，或是脫離以前的協議。哈利總是設法後退一點，但未必都能成功。

思考提示

◆ 你如何評估自己的意見會得到同事的支持？
◆ 你多在乎製造某個程度的爭議？
◆ 你如何持續溝通以降低發生紛爭的風險？

150 未戰先降

Throw in the sponge too early

請避免在某個論點被大家充分考慮之前就讓步。

我們可能對別人回應的方式感到失望。我們認爲自己的觀察被否決了，然後聚焦於錯誤的理由。但眞相可能是他們正在考慮我們所說的事有何利弊得失，並且反思其中的涵義。我們的風險在於把對方眉頭深鎖解釋爲反對，而非看成謹慎思考的象徵。通常需要一點時間，才能確定我們的主張是被斷然拒絕，或者是影響了進一步的思考。

哈利想和某些同事保持良好關係，因爲有許多他重視的領域需要他們的支持。他察覺到某些提案並未順利獲得這些同事力挺，他需要決定應該用多大力氣堅持自己的主張、應該在哪個階段撤回提案，或者應該以加倍的決心支持他喜好的作法。如果他從不改變心意，會被當成鬥性頑強，但如果他一再退讓，又會被視爲軟腳蝦。

💡 **思考提示**

◆ 你如何判斷何時應持續堅持主張，何時見壞就收？

◆ 你如何平衡在某些領域保持咄咄逼人，以及在其他領域豁達地退讓？

◆ 有什麼情緒因素會促使你對某個主張提早讓步？

151 本末倒置
Put the cart before the horse

　　請避免在尚未決定要往哪個方向之前，就先試圖解決問題。

　　我們有時會深度涉入某個計畫的細節，卻還沒有仔細思考整體的行進方向，以及最重要的結果是什麼。我們樂於組合關於未來步驟的詳細設計，卻可能忽略了應該確定一條符合其他重大利益協議的道路。對於工作的未來方向缺乏共識時，高談接下來的步驟是毫無意義的。

　　哈利精通政治手腕，但是其風險在於過早涉入細節，卻沒有在整體的行進方向，以及如何將不同成分組合起來以產生所需的整體影響上，先建立起共識。哈利需要在一開始就能對未來有清晰的觀點，並且盡可能清楚知道長遠的結果。

思考提示

◆ 在什麼情況下你可能太早投入細節設計？
◆ 你如何確保從整體目標起步？
◆ 誰能幫助你把目標集中於確保整體成果，不會太早陷入細節？

152 蠟燭兩頭燒

Are burning the candle at both ends

請注意你是否想用有限的時間與精力完成太多事情。

我們想要影響任職的組織，想要確保在工作、在地社區及家庭等方面的活動有所進展。我們不斷突破可能性的界限，更因形形色色的活動而充滿活力。但是，我們發現自己的時間與精力有限，需要注意時間與活力來自何處，才不會把自己累得筋疲力盡且不堪負荷。

哈利徹底投入工作、社區和家庭，他的態度簡直像是世界上什麼沒有他解決不了的問題。在一次國定假日期間，他的體力崩潰了，使他只能吃力地在家中和院子走動。這是他必須注意的警訊。這次的體力崩潰讓哈利感到震驚，他下定決心要更慎重地安排自己的時間和精力。這個決定持續了幾個星期。

💡 思考提示

◆ 在什麼情況下你可能承擔了太多職務？
◆ 你如何平衡讓人活力十足的活動所帶來筋疲力盡的風險？
◆ 當你筋疲力盡的時候，如何處理自己的反應？

153 操之過急
Jump the gun

請避免太快介入。

我們都看過別人焦急地想要插入對話，他們想表達觀點的衝動勝過於想和他人互動。或許他們有很好的想法，但是表達得不夠成熟，或是太過強勢或焦躁，都會讓人喪失影響力。在會議中，影響力往往和正確的時機與插話的語氣有關。

哈利承認自己太性急，總是想表達重要觀點，然後繼續下一個主題。他缺乏耐性，這可能是優點，也可能是讓他孤立具影響力人士的明顯弱點。哈利知道自己在會議中必須稍安勿躁，並且判斷何時才是介入的正確時機。他使用的技巧有：假裝自己是對談中的第四名發言人、把自己的論點限制在三點以內，以及不要試圖幫所有人解決問題。

思考提示

◆ 在什麼情況下你可能太早參與討論？
◆ 與資深人士開會時，你想參與討論的情緒動力如何導致你誤判了介入方式？
◆ 太晚介入會有什麼風險？如何減弱你的影響？

154 總是潑冷水
Are always throwing cold water

請注意不斷提出消極論點的風險。

冷水能幫助植物成長，也能讓我們在炎熱的天氣保持涼爽。冷水使我們重新提振精神，對於周遭的人事物提高警覺。然而，對別人的構想潑冷水，卻會立即產生負面反應，可能與我們一開始的期望大相逕庭。表達適當的警語是應該的，但必須是關於需要達成的目標之背景、開始取得什麼進展，以及如何創造正確且最好的前進動機。

哈利一向能夠在執行提案時看見問題，以他的經驗而論，這就表示他看出了陷阱。長久下來，哈利學會了一件事：他必須將正面論點和挑戰性觀點互相連結起來，才能以有益的方式被大家接受。他需要熱情地肯定已經取得的進展，然後才進入嚴肅的對話，討論那些表現不如預期的面向。假如他想繼續維持積極而溫暖的關係，就需要平衡「重申成就」和「促進發展」兩種評論。

思考提示

◆ 你如何平衡正面評論和挑戰性評論？
◆ 對於總是消極批評的人，你如何提供建言？
◆ 你如何確保促進發展的論點能被虛心接受？

155 視若無睹
Are seen as blind to behaviours

請避免因為專注於成果而使不恰當的行為合法化。

在激動的時刻，我們可能會容忍人們的某些行為，預設這些行為都是由壓力引起的。如果人們難以平衡工作與家庭責任，我們同意他們可以採取最好的作法。有時候，工作上的要求太過沉重，我們會接受錯誤的行為，只求能完成工作。比起強化某些長期下來符合組織最佳利益的行為，我們認為能夠達成目標才是更重要的貢獻。

哈利想要徒弟們功成名就，鼓勵他們要有更堅定自信的態度。不過，得到的回饋卻是他們不僅堅定自信，甚至到了好勇鬥狠的地步。哈利不太願意採取行動去干涉，因為他希望這些年輕人能保持積極並解決重要問題。可是，如果他們想要維持高度友善，以及成功實現聯合計畫，就必須收斂自己的作法。

💡 思考提示

◆ 在什麼情況下，你會接受比正常預期更差的行為？

◆ 當別人正遭遇實現目標的極大壓力時，你如何改善對方的行為？

◆ 你在多大程度上會對自己的行為所產生的影響視而不見？

156 曇花一現
Are seen as a flash in a pan

請避免因為你製造輕微的干擾，而對未來的進展有不利的影響。

有時候，你可能會為了激發迴響而提出挑釁的問題。你想要製造立即的話題，可是一次性的誘導式介入未必能加強你的長遠影響。其中的關鍵在於，當你能長期建立一致的貢獻時，大家才會願意聽你說話，因為你是在提供有效的證據或觀點，而非唯恐天下不亂地語不驚人死不休。你希望被視為有長遠的積極貢獻的人，而不是只記得你某一次離經叛道的提議。

哈利承認自己在加入新團體時，期望被看成生力軍。他的心思敏捷，有時候為了刺激某種前進的行動，他會故意用稀奇古怪的方式發言。但是，為了培養長期的影響力，他必須以建設性的方式參與別人表達的構想，不能只集中在搶鎂光燈的一次性行為。他也需要調整評論的風格，別人才會願意敞開心胸和他一起發展構想。

💡 思考提示

◆ 在什麼情況下你的介入會被當成「曇花一現」？

◆ 你如何建立一致性的貢獻？

◆ 在什麼情況下，為了提醒大家注意採取行動的需求，適合利用挑釁的方式？

157 忘恩負義
Bite the hand that feeds

請避免利用那些贊助或支持你的人。

你可能擁有各種支持者，他們能促進你的利益、吸引別人注意你的成就，或者有助於你的事業獲得資金。有時候，你會遇到的風險是把他們的善意視為理所當然，或是對他們有高不可攀的期待。很重要的一點是，當別人表現慷慨，你要對此表示感謝，但不至於假設這種慷慨的行為將會長久持續。對於讚美我們的人，我們絕不能失去他們的支持與友好。

哈利獲得黨內重要領袖的支持，但是他的風險是把別人的支持當作天經地義的事，對於他們的贊助與支持更是得寸進尺，超過了他們的意願。哈利的一名贊助人明白表示，他已逐漸對哈利失去耐性。哈利看出自己需要更常接觸贊助人，了解他們的觀點和擔憂。

💡 思考提示

◆ 你的哪些支持者可能被你利用或惹怒？

◆ 在什麼情況下，你認為某人的善意會無限持續是不合理的期待？

◆ 假如某位支持者透露你的期望太過分了，你如何挽回被拒絕的處境？

158 打如意算盤
Count your chickens before they hatch

請避免在獲致全面同意之前就採行偏好的行動。

我們以為有了重要人士的支持就是取得重大進展，於是認定幾乎沒有因素能妨礙我們成功。但是，除非得到最終宣告或者簽署了合約，否則仍無法保證我們想要的結果。利用描繪重大進展來激勵人心，是有益的作法。然而，只有跨越了終點線才算成功。

哈利有時候會採用的技巧，是把進度百分之九十的協議描述為已經成功達陣。他刻意利用這項技巧，目的是形成木已成舟的假設，使大家認為繼續反對某個結果是沒有意義的舉動。哈利承認自己有時會過度操作這項技巧。他對自己夠誠實，知道在某些情況下，只要他支持的作法還沒有得到所有人認可，就先行預設已經獲得同意，是會造成反效果的。

思考提示

◆ 在什麼情況下你會假設已經達成協議，但其實仍存在不確定性？

◆ 有時候我們會在所有人都支持某個作法之前，就先假設已經取得全面同意，這麼做有多大的好處？

◆ 你如何有效分辨絕對會成功的趨勢，以及依然有待其他人正式同意的情況？

159 以貌取人
Judge a book by its cover

請避免你的判斷是依據表象而非謹慎的分析。

當我們想要某個倡議能成功時，可能在每個階段都只看到積極面。或是我們不信任某個提案，於是對每個意見都很挑剔。我們的判斷依據或許只是提案的簡報方式，而不是關注它所建議的事項有何長遠影響。我們可能很快就有了定見，並且表示稍後會考慮細節。

哈利喜歡認識新人，卻容易依據初次互動就立即評斷對方。這讓他開始評估是否應該認真看待這些個人觀察。如果別人和他的互動不如預期那麼好，他可能會太快否定對方。他也承認自己太容易相信別人，沒有深入確認對方的判斷是否可靠。

思考提示

◆ 在什麼情況下你可能會太早評斷別人？
◆ 你如何確保對某人的觀感並非只根據初次互動？
◆ 如果你對某人的原始評價並不正確，要如何補救？

160 銷聲匿跡
Disappear without trace

請避免在你能發揮影響力的時刻缺席。

我在英國政府擔任財政主任期間，財政部的主要對話窗口是一位女士，但她往往在我最需要和她討論的時候不見人影。在關鍵時刻找不到她，讓我很沮喪。她會在沒有立場對任何事表示明確說法時故意神隱。她能規律失蹤的本事，讓我感到失望，或許她也對我感到同樣的氣餒，因為我總是鍥而不捨地要找到她，以便得知財政部最新的想法。

哈利習慣躲起來不見人，有時候是為了保存體力。有些人只是想說服他去做某些他沒有把握的事，而他不想隨時被這些人找到。他知道自己不能一再避不見面，需要明確表示在什麼時候任何人都可以找他談話，並承諾他在那些時段都會有空。

💡 **思考提示**

◆ 在什麼情況下失蹤一段期間對你有益？
◆ 在什麼情況下，經常失蹤會損害你的信用及影響力？
◆ 你如何清楚溝通自己失蹤一段期間的原因？

161 今日之我受限於昨日之我

Be captive to your former self

請避免過往的你支配著現在和未來的行動。

源自過去經驗的行事風格及心態，會深植在我們的意識中。在職業生涯的早期，我們可能會過度畢恭畢敬或固執己見。一旦壓力上身，我們會回復以往的自己，呈現出以為早就被自己遺棄的行為與做事方法。我們並沒有如願擺脫過去的自己而獲得自由。或許我們需要有信任的同事能指出，昔日的我們正在悄悄滲透進來。

哈利在二十幾歲時是一名獨斷又熱情的政治人物，反對不公不義。在他擔任不同性質的領導職務後，其中一個影響是讓他變得更能與人合作共事，而且知道必須尊重及吸引觀點不同的人。他將直來直往的性格當成個人工具箱中珍貴的組成部分，但也知道必須嚴加控管。他已經花費了大量時間與他人建立互相理解，並不願意失去這些人的支持。

💡 **思考提示**

◆ 在什麼情況下，源自過去的情緒化反應會再次浮現？
◆ 假如過去的你死灰復燃，你有多大的自覺？
◆ 在什麼情況下，恢復你從前具備的特質會很有用處？

162 智者不爲，愚者往前衝
Jump in where angels fear to tread

假如你主張某個意見時，最有經驗的人退縮了，請小心。

有時候，我們決定指出一條明顯的出路，卻意外地發覺沒有人理會。我們不懂爲何身旁那些經驗老到的人都不發一語。或許有什麼事是我們不知道的，或是有其他人熟悉而我們卻一無所知的歷史。當我們說完自己的觀點，就要後退一步，靜觀其變。也許這是適當的時機，但我們也意識到其中可能存在自己沒看出來的敏感性。

哈利缺乏足夠的耐心。當其他人對某個主題戰戰兢兢時，他就會提出顯而易見的看法，同時很清楚這麼做可能產生不良反應。這個作法有時意味著他會被否決或無視。但有時候，他的意見也會強迫開啓某個需要有效解決的議題。哈利的判斷不見得永遠都正確，可是他知道這是身爲領導者應有的一部分發言，那就是指出明顯而無人提及的事實。

💡 思考提示

◆ 在什麼情況下你會說出真相，同時也知道不會被每個人接受？
◆ 你如何在言所當言時，兼顧小心謹慎及察言觀色？
◆ 在什麼情況下你會豁達地撤退？

163 勿遷怒於傳遞壞消息的人

Shoot the messenger

請避免批判或譴責向你報告壞消息的人。

當眾人皆期待正面的結果時，公布壞消息是個勇敢的行為。當下的回應會是漫天聲浪衝著你來，所有人都在指責你，讓你深感委屈。你試圖將自己定位為傳話人，並沒有支持特定的前進路線。你明白，有時候必須承受大家的憂心，才能幫助他們克服痛苦或反感。你很謹慎，不會因為他們的反應而向任何人抱怨你的感受，你知道這麼做無濟於事。

哈利承認，自己聽到壞消息時的反應會很激烈。假如有人能事先警告他即將聽到不愉快的消息，對他會有幫助。如此一來，他就能保持鎮定並調適情緒，理性地思考別人告訴他的事。如果是在意料之外聽到壞消息，他知道自己必須先吸收這項資訊，不要立即回應，而是設法確認事實為何。同時，他會表示將在適當時機做出回應。

💡 思考提示

◆ 在什麼情況下你可能「斬殺傳訊者」？

◆ 你如何為壞消息做好心理準備？

◆ 有什麼因素能幫助你傳達壞消息，並且準備好面對其他人的痛苦反應？

164 淪為野心的奴隸
Be a slave to ambition

請注意野心是否支配著你的一舉一動。

　　每個組織都需要野心勃勃的人，他們能看見未來的機會，讓組織有建設性的發展。個人的野心如果能正確地表現，將具有強大的功效，使組織得以採取動態且有力的方式實現其目標。但是，專注於個人利益的野心，很快就會造成破壞，導致他人對你抱持部分信任的謹慎態度。任憑自己的野心左右每個決策，會顛覆重要價值、破壞各種關係，對組織的發展帶來反效果。

　　從學生時代開始，哈利就一直有躋身黨內資深地位的野心。他有了腹案，訂好想要行動的步驟，而且對於建立關係、接受職務都非常審慎。然而，當他計畫的行動順序被超出控制的事件打亂時，他開始遷怒於自己和政黨。這一記當頭棒喝讓哈利明白，別人不會完全隨著他的野心來控制決策。他在實現野心的時候，必須更有耐性及適應力。

💡 思考提示

- ◆ 在什麼情況下，野心能使你的組織對於未來有積極的思考？
- ◆ 在什麼情況下，野心會讓你有目標感？
- ◆ 假如你的野心遇到挫折，你會如何面對？

PART 6

以莎士比亞
為師

Lessons from
Shakespeare

165 拖延沒有好下場

Delays have dangerous ends —— *henry VI*

拖延就是決定不前進，或者推遲或延緩行動。

當你爲了支持未來的行動，正在等待取得資訊或是形成一致的立場，拖延是很重要的工具。然而，一拖再拖則會造成幻滅，並且把精力和決心消磨殆盡。持續拖延意味著錯失機會，讓別人得以執行其他計畫。爲了等待支持的資訊而拖延太久，表示我們對於周遭現實的變化一無所知，其後果就是陷入危險的處境，被批評成故意盲目或破壞性不作爲。

凱洛注意到她所主持的慈善機構，其財政並不健全，她知道有必要進行組織重建。但是，凱洛總是有拖延決策的理由，不願意採取必要的步驟。後來，新冠肺炎大流行，造成慈善捐助大幅下滑，凱洛很後悔未能及早進行必要的結構性改革。當初她決定不著手重組慈善機構，代表整個機構如今的地位更加不穩定。如果她在早期就能發揮最佳判斷而採取行動，現在的處境會改善很多。

💡 **思考提示**

◆ 在什麼情況下拖延會導致更好或更糟糕的結果？

◆ 你如何預見拖延的結果？

◆ 你如何分辨有益的拖延和有風險的拖延？

166 內心的狂風暴雨

Blown with the windy tempest of my heart —— *Henry VI*

請避免讓情緒支配你的行動。

你滿懷熱情地執行某個構想，所有反對意見都被你視為誤解。另一種情況則是你強烈認為不應該去執行某個決策，因而想盡一切說法去貶低別人喜歡的行動方案。在這兩種狀況，你都展現了近乎暴風雨的激烈能量。情緒正在主導你，而你的方法可能正確也可能是誤導。你未曾深思情緒介入所代表的意義。

凱洛會對於慈善機構應該採行的計畫變得充滿熱情，在她和慈善機構服務對象所承受的痛苦之間，有一種強烈的情緒連結。此時最重要的是慈善機構能為受難者提供最好的協助，凱洛的滿腔熱情吸引了捐獻者，也激勵了志工。有時候，熱情會變成旋風，而其風險在於這個月的熱情會讓上個月的熱情相形失色。

💡 思考提示

◆ 在什麼情況下你的熱情能振奮人心？

◆ 在什麼情況下你的熱情可能從某個對象迅速轉移到另一個對象？

◆ 你如何將自己的熱情導向最佳的長期影響？

167 年少輕狂，未更世事

My salad days when I was green in
judgement —— *Anthony and Cleopatra*

提醒自己在年輕時選擇了哪一條路，是很有益的作法。

在職業生涯早期，你可能會因為目標感而熱情滿滿，而且對於能取得的進展表現高昂的興致。對於哪些事情是有可能的，你的態度天真。你也不會運用過去的經驗，預判哪個作法比較可行。你採取全新的方法，沒有受到偏見或是從前的挫敗挑戰。有時候我們應該提醒自己，年輕時的我們在類似的情況可能會有什麼反應。這麼做，對我們會有幫助。

凱洛很容易回想起從前的心情：當時她二十幾歲，是慈善機構的外勤主管。她的熱情源源不絕，她與人相處的能力代表她能結交有益的盟友。多年以後，凱洛對於各方人士的動機變得頗有戒心。凱洛經常提醒自己當年的心情，告訴自己，必須在與人建立長久關係時發掘每個人的優點，同時也不忘在作法中保留一點謹慎。

🔆 思考提示

- 假如年輕的你遇到目前的處境，會怎麼想？怎麼做？
- 你二十幾歲時的心態有什麼特色至今依然存在？
- 如果要採用二十幾歲時的作法，有什麼因素能讓你保持警惕？

168 日益成熟或逐漸腐爛

From hour to hour we ripe and ripe. And then from hour to hour we rot and rot

—— As You Like It

我們無法靜止不動，不是正在成長，就是正在衰退。在生活的不同領域，兩者會同時發生。

我們若不是前進，就是後退；若不是增進理解、智慧與效能，就是僵化了做事方法、限制了視野，以及封閉了新的可能性。我們能決定持續成長，或者拒絕對一切機會敞開心胸，其中的關鍵在於自我覺察，它能幫助我們決定必須改變路徑還是繼續向前走。

凱洛目前在第四家慈善機構任職。她的態度謹慎，如果她想要對目前的工作保持熱情，必須在理解與效能方面不斷成長。她見過太多人在特定的慈善機構待了太久，以至於思考變得死板、做事方法陷入困境，並且埋怨職業生涯前途無亮。

💡 思考提示

◆ 有什麼因素能協助你保持前瞻的思考，使自己和他人都能有最佳的表現？

◆ 你如何確保不會自我封閉，或是停止對未來抱持積極的觀點？

◆ 你如何確保別人會成熟而不會腐敗？

169 簡潔乃機智之靈魂

Brevity is the soul of wit —— *Hamlet*

最短暫的介入往往是最有效的貢獻。

在會議中最有貢獻的，通常是那些能夠提出簡短、切中要害且及時的意見之人。他們能提醒大家注意關鍵的資訊、可能的後果，或是潛在的風險。良好的介入可能會試圖使對話速度放慢，並且提出重要的問題。關於介入，重要的是品質，而不是數量。你的目標也許是鼓勵大家預先思考，以及檢討你的意見會有什麼後果。假如你的目的是改變人們的思路，就不需要立即得到成果。

凱洛知道有時候自己的話太多了。她特別重視和董事長討論，董事長會聚精會神地聽她說話，然後給她充滿洞見的觀察或是提出問題，非常有助於凱洛思考未來的作法。凱洛知道董事長的評論會很貼切，能幫助她開始規畫接下來的步驟。她會盡力使自己的介入扣緊主題，但也知道自己在此企圖上並沒有完全成功。

💡 思考提示

- ◆ 據你所知，誰的介入經常是簡短、及時且有影響力的？
- ◆ 在什麼情況下，簡潔是你的最大資產？
- ◆ 在什麼情況下，比較有益的作法是指出關鍵問題，而不是提出冗長的解決方案？

170 旁敲側擊，投石問路
By indirections find directions out —— *Hamlet*

就算某一條路被證明是錯的，也能為我們提供資訊，有助於找到更好的路。

為了測試某一條路線是否具有生產力，有時候直接行動比優柔寡斷來得好。如果某個作法的效果並不理想，我們可以自問從這次的經驗學到了什麼，以及如何使這次的領悟發揮最大功用，進而幫助我們了解現在正要開始實行的作法。最強大的洞察力往往來自從選擇所學到的教訓，不論是失敗的選擇或者一如所願的成功選擇皆然。

凱洛曾經在某個慈善機構任職，那是一段痛苦的日子。她意識到那一次經驗幫助她培養了韌性和做困難決定的能力，對於她後來的工作具有無比的助益。當年那些令她感到痛苦的經驗，對她的領導力而言是非常關鍵的影響因素。曾經被她視為浪費精力且折磨人的經驗，如今回首一看，才發現這些經驗已成為長遠而深刻的養分，協助她成就了精明的領導力。

💡 思考提示

- 你如何從錯誤的決策中恢復，並接受學到的教訓？
- 你如何拋棄令人疲憊的失敗感？
- 假使你所做的決定並未達到期望的成果，有什麼因素能協助你抱持達觀的態度？

171 因果循環，周而復始

The wheel has come full circle —— *King Lear*

有時候你會回到起點。

你滿懷幹勁與期待出發了，可是事件的發展並未如你所願。對於需要重來一次，你設法保持豁達。你深入挖掘自己的儲備精力，並且意識到需要藉由出錯之處帶來的新能量，以及尋求不同以往的作法來重新開始。你接受一個事實：必須不斷地回到相同的起點，直到找出有效且能持續前進的路。

凱洛知道有兩位董事熱中於某項事業。她持保留的態度，但結論是她需要設法執行董事想看到的發展。最後，這兩位董事接受了他們所偏好的作法並不會生效，也知道對於尋找最佳作法的討論必須從頭再來。這次經驗的正面意義是：這些董事現在對於接下來的步驟有了更開放的心胸。

💡 **思考提示**

◆ 在什麼情況下你必須坦然接受一切又回到了起點？

◆ 假如某一個提案必須重新開始，你如何使大家都能欣賞學習到的經驗？

◆ 在什麼情況下你願意承認回到起點是最好的選項？

172 逆境乃是最有益之事

There is no virtue like necessity —— *Richard II*

逆境是寶貴的起點。

我們會充滿渴望與期盼，想要抓住機會並打造更好的組織或實現更有效的成果。首先，我們必須做的是應付逆境。若要有所進展，就必須先在財政上安排妥當，或是解決某些人事議題。有障礙就必須克服或移除，有不信任的情況就必須化解。然後，對於未來才會有合理的遠景。一次外在的危機可以創造重新思考、重新組合的契機，而這些契機在以往通常被認為是不可企及的。

凱洛知道，從捐獻者的年齡概況，看得出現有捐獻者的贈與可能會遞減或停止成長。凱洛看出一項根本需求，那就是慈善機構應重新檢視捐獻者結構、更加重視吸引年輕的捐獻者，以及集中力量邀請已退休的支持者考慮把慈善機構納入遺產分配名單中。除非迅速採取行動，否則來自捐獻者的收入將急遽短缺。

思考提示

◆ 你將逆境視為必要的起點或是讓人分心的事？

◆ 你如何將組織的逆境和前進方向連結起來？

◆ 在什麼情況下，逆境讓你不勝負荷，並且對你的抱負造成不必要的限制？

173 悲傷勝過憤恨

More in sorrow than anger —— *Hamlet*

強烈情緒的最佳表現形式或許是悲傷，而不是憤怒。

當事情出差錯時，各種情緒就會開始產生作用。有時候，這些情緒可能是暴躁、沮喪和憤怒等等。在其他情況下，也可能是難過或悲傷成爲主要情緒。遇到事情不順遂，引發情緒反應是在所難免的。或許在歷經一段期間之後，我們能引導自己朝向難過與悲傷，而非憤怒和沮喪。難過與悲傷能讓我們逐漸接受木已成舟，開始沉思如何處理當下的狀況，繼續前進。它能協助我們走過失望，對於未來抱持著更有建設性的心態。

凱洛知道自己在遇到有人犯錯時會大發雷霆。她訓練自己在事情出錯時要保持平靜，以考慮周到的想法而非過度失望來表達關心。長久下來，她學會了從容的反應，知道在探索未來的行動時，深思熟慮的態度比滿腹牢騷和憤怒更有可能創造正確的學習心得。

💡 **思考提示**

◆ 你如何放慢對壞消息的反應？
◆ 你如何將大發雷霆的衝動轉化為難過或悲傷的表現？
◆ 你如何應付失望？

174 做繭自縛／自食其果

Hoist with his own petard —— *Hamlet*

請注意你強力主張的觀點可能會被人反過來針對你。

你堅持必須先有明確的證據，才能贊成某位同事主張的特定行動。幾個星期後，你的同事也用相同的堅持來回敬你。你同意沒有理由抱怨同事這麼做，而且決定必須以有助益的方式回應他，也就是先收集更多資料，直到可以合理地做出決定。

凱洛的態度強硬，認為某個決定的基礎即便是相當有限的證據，依然是合理的。董事們則是心存懷疑。他們舉棋不定的原因，是某些董事覺得他們的構想還沒有經過徹底檢驗，就被凱洛快速否決了。凱洛同意自己的態度確實前後不一：她不接受董事們的提議，而她喜歡的未來作法純粹只是基於直覺的理解，並非在探索性研究中測試過的構想。

💡 思考提示

◆ 假如有人採用你針對他們的相同理由來對付你，你會如何回應？

◆ 假如你根據自己的價值觀提出措辭強烈的陳述，如何評估別人對於你實踐那些價值的方式有何感受？

◆ 在什麼情況下，你對別人和對自己的期望會有雙重標準？

PART 7

我們的
心態

Our attitude
of mind

175 百花齊放，百家爭鳴
Let a thousand flowers bloom

鼓勵各種不同的可能性，看看哪些能激發想像力。

有時候我們看不清楚哪一個構想才是正確而應該執行的。你想鼓勵大家思考各種不同的可能性，看看有哪些是具有吸引力而值得一試的。你觀察著不同提議如何獲得關注和支持、哪些提議似乎正有建設性的發展。如果有某些構想能吸引大家的熱情，你會感到高興，也看出其他可能性或許只能得到些微的興趣或吸引力。

布蘭達意識到她的團隊想要在後疫情時代採取不同的運作方式。有些人想進行面對面的會議，然而，有的團隊已經習慣了虛擬式團隊會議，並且建立了有效的工作節奏。還有一些團隊則是想要混合面對面和虛擬兩種會議形式。布蘭達不想用硬性公式化的作法，規定各個團隊應如何安排自己的工作。她和團隊主管合作設計了良好工作實務的提示，確保所有團隊成員都能全面參與。

💡 思考提示

- ◆ 你支持工作方式的哪些彈性？
- ◆ 假如大家想用非常不同的方式去處理問題，你的態度有多自在？
- ◆ 如果你的各種團隊工作方式大不相同，你的接受程度有多大？

176 未行之路；無人走過的路

The road not taken

假如你做了選擇，就必須接受同時也捨棄其他可能性。

有一個風險是：我們過度緬懷那些已經決定不走的路，好奇如果當初做了不同的選擇，結果會是怎樣。我們應該提醒自己：煩惱那些可能發生的事，會耗損精力且不斷惡化負面影響。我們必須欣賞對現狀知足常樂的態度，並且看見未來的可能性與機會，同時還能認可從人生中形形色色的決定所學到的智慧。

布蘭達一開始從事表演事業時，只獲得普通的成功，經歷過許多失望之後，她成為公務員。她具有清晰且充滿說服力的溝通能力，使她得以快速升遷到各種職位。當她渴望返回舞台時，就會提醒自己：現在的她是在更廣大的舞台上工作。每當她想在眾多會議中表現說服力，那些在表演訓練中學到的技能及經驗，都能發揮巨大的用處。

💡 思考提示

◆ 在什麼情況下你會後悔從前的決定？

◆ 你有多擅長確保每一次職涯選擇所帶來的好處？

◆ 有什麼因素能協助你克制悔不當初的心情？

177 人生是馬拉松，不是百米短跑
See life as a marathon and not a sprint

培養長遠的觀點比沉溺在眼前的狀況更重要。

我們容易變得專注在此時此地。我們想投入精力改變現狀，並立即得到滿意的結果，但是如此一來會讓自己疲於奔命，而且太過窄化期望了。有人提醒我們，必須以數十年而不是數天的規模來看人生，也應該為了長期的人生而謹慎培養理解力，以及累積洞見和精力。

布蘭達下定決心要為目前的角色取得成功。由於她總是願意承擔職務，大家都對她寄予厚望。布蘭達知道，她必須更審慎思考職業生涯未來的階段，以及需要加強哪些技能和經驗。她同意比較好的作法是先發展各種環境下的領導方法，而不是追求盡早升遷。她不想讓自己筋疲力盡，或是讓人留下她只會解決短期問題的刻板印象。

思考提示

◆ 在什麼情況下你可能會過度專注於短期發展？
◆ 有什麼因素能幫助你掌握長期的節奏？
◆ 你想要如何培養長期所需的各種領導方法？

178　開啓未來無限的可能性
Take the lid off

　　發布一項好消息之後，要鼓勵大家興奮期盼未來的各種可能性。

　　我們看得出早期的進展情況令人放心，但這還不是成功的保證。我們知道，在確定人們的思考或行爲已經有顯著的改變之前，必須耐心等候證據。然而，慶祝取得初步成功，可以讓大家看到最後重大成功的可能性。

　　布蘭達啓動許多探索性研究，測試了分析數據和回應顧客的不同方式。她很高興看到某個團隊的初步跡象顯示他們喜歡這個機會，讓他們能以不同的方式工作及使用數據。現在，這個團隊不會受到壓抑了，而且看到未來的可能性，也使其他團隊對未來可能的機會懷抱熱情。布蘭達允許自己在內心微笑，同時知道距離慶祝方法改革成功，還有一段時間。

💡 思考提示

- ◆ 你是否允許自己享受初步的成功？
- ◆ 你能否將第一個進步的跡象，看成重大改變的願景已經揭開序幕？
- ◆ 你會不會鼓勵別人對於成就的可能性充滿熱情？

179 以往鑑來

Look through the other end of the telescope

從未來回顧過去已經走過的旅程，是很有益的作法。

這是一個很有幫助的作法：想像未來的我們在回首自己的旅程從何處開始，以及經歷了哪些不同階段。當我們往回看，就能觀察到自己的信念、態度和方法是如何演變的。雖然步伐不夠平均，但我們往前進了，並且帶著從順利和挫折的經驗中學到的心得。這樣的旅程能鼓舞我們，對於那些轉錯彎或是困頓的情況，也能豁達面對。

布蘭達承認會對自己失望。有時候她需要回頭，看看不同經驗如何將她培養成領導者和有效率的團隊成員。她對以前所犯的無知錯誤一笑置之，知道人生已經教會她許多功課。她知道如何保護自己，不會被不合理的期望傷害。她最想達到的目標是培養影響力以及創造改變，她知道自己表現得非常棒。

思考提示

◆ 你能不能以積極的態度看待至今為止的旅程，同意自己在每一個階段都學到了新知？

◆ 你如何詮釋以前的失望？

◆ 假如你從未來回顧現在，會如何影響你使用時間和精力的方式？

180 急流中知進退
Watch getting caught in the vortex

身處行動中心的興奮，會使人變得疲憊而虛弱。

我們享受忙碌及成為行動一部分的感覺。我們知道其中的風險在於：因為全神貫注於當下的強烈感受，導致精力儲備快速下降，於是從狂喜的參與轉變為毀滅性的疲憊。當我們深陷在強大的漩渦之中，就看不見它對於我們的幸福有何影響，也無法清楚知道最後的下場是什麼。

政府的部長們希望布蘭達能同時解決短期問題並開發長期作法。布蘭達的風險是會被短期問題纏住，因為部長們有近在眼前的期望，而她只剩下少量的心力可以關注長期考量。布蘭達明白，等到迫切的危機結束時，部長們不會同意他們的當前期望造成了布蘭達只能把時間花在尋找短期解決方案。她必須管理自己的時間和精力，才能持續解決長期問題，不會被眼前事務的漩渦主導。

💡 思考提示

◆ 在什麼情況下你可能會過度困在眼前的事務？

◆ 你如何有效分配時間與精力給立即和長期的問題？

◆ 有什麼危險徵兆顯示你過度沉醉在當前事務的漩渦之中？

181 避免沉溺於破滅的夢想
Watch dwelling on broken dreams

以往的失望提供了洞見，而非造成了懊悔。

對於未來的夢想，可以賦予我們目標感，並幫助我們塑造抱負及方向感。若是懷著為了幫助他人而做出貢獻的夢想，也可以激勵我們。因為種種理由，有許多夢想無法實現。有時候，夢想看起來非常合理，卻被無法控制的環境給粉碎了。我們知道，過度專注在以前未能實現的抱負，是有風險的。

布蘭達夢想能經營自己的組織，她喜歡這個具有重大獨立性的願景。在職業生涯中期，她必須接受自己在健康方面的問題，這代表她很容易感到筋疲力盡。她決定未來的路是要與其他人分擔一份正職。原本她把每週工作三天的未來視為身體虛弱的標誌，如今則將此情況轉化為對健康狀況的正面認可。現在，她有一名效率絕佳的夥伴來分擔職務，她看見了能夠成為重要組織執行長的前景。布蘭達心中這個曾經破滅的夢想，或許還是有實現的可能。

💡 **思考提示**

◆ 你可能過度沉溺在哪些破滅的夢想中？

◆ 在什麼情況下，破滅的夢想能協助我們重塑未來的抱負？

◆ 有什麼因素能讓你豁達面對破滅的舊夢？

182 慎防陷入憤怒的漩渦中
Beware getting caught in a huddle of anger

憤怒會傳染、煽動,並造成破壞。

當我們感到憤怒時,會想要表現出來,藉此宣洩情緒。最好是單獨或在信任的朋友面前才這麼做。我們意識到,群體中的憤怒很快就會升級並產生強烈的怨恨情緒,同時會有挫折感以無益且可能具破壞性的方式爆發。憤怒會迅速膨脹成為怨恨及攻擊性言語,這些言語輕易就會脫口而出,並且具有長遠的破壞性後果。

布蘭達觀察到,在這一家大型組織裡,有一群覺得被誤解和扭曲的人愈來愈不滿。這個群體認為,他們因為某個錯誤決定而備受指責,資深管理團隊也開始孤立他們。布蘭達設法協助他們接受及理解已經發生的一切,並且稍微緩和他們的怒氣。她努力傾聽他們的憂慮,試圖為他們帶來平靜。

思考提示

◆ 在什麼情況下憤怒可能會壓垮一群人?

◆ 你如何讓與你共事的群體減少憤怒?

◆ 在什麼情況下,你的憤怒會阻礙你協助他人處理憤怒?

183 怪罪他人既輕鬆也易自毀
The blame-game is easy and self-destructive

責備他人意味著你在逃避採取行動的責任。

責備他人是一個為錯誤事件提供解釋的簡易方法。這麼做能讓你對自己的行動毫無責任感,進而對過去沒有追悔,對未來也不會有所抑制。責備他人會導致你否定對方或是將對方妖魔化,而未來以建設性方式繼續共事的可能性也將因此受阻。不分青紅皂白地直接責備他人,限制了盡可能客觀檢視事故以及為將來提供前車之鑑的機會。

布蘭達的同事沒有實現其承諾要做到的事,讓布蘭達感到很失望,有一部分的她知道自己也要負一些責任。她和這些同事的關係應該更密切一點,實際上卻沒有。她對於某些早期警訊的解釋,也不像她針對風險和失調所做的那麼清晰。布蘭達承認自己想責怪同事,但同時也需要接受一個事實:她本來應該有不同的作法,也許就能限制某些改變。

💡 思考提示

◆ 在什麼情況下,責備他人是個容易且自毀的作法?

◆ 假如你想要責備別人,如何盡早掌握這個情緒反應?

◆ 如果有人打算責備你和你的下屬,你如何回應他們?

184 一臉茫然地聳肩
The puzzled shrug of the shoulders

別讓他人留下「你不懂也不在乎」的印象。

我們的身體語言隨時都會被觀察及詮釋。聳肩可能代表沒興趣、無聊或不確定，這樣的印象可能與我們的意圖大相徑庭。因此，務必了解身體語言所傳送的信號，思考我們有多擅長監控自己的身體語言，同時對於給人的印象保持謹慎的態度，才不會在無意間傳送出讓自己後悔不已的信號。

布蘭達知道，當自己覺得不確定的時候肩膀就會下垂，看起來很沒自信。她明白必須表達清楚自己的反應，以免姿勢和眼神被其他人誤解。有時候，她需要放鬆肩膀，並且非常專注於交談；有時候，她則會收緊肩膀，集中精神，非常小心地注意自己所說的話，以及展現未來目標感的方式。

思考提示

◆ 別人如何詮釋你在開會時的自然姿勢？
◆ 在什麼情況下，你的坐姿和交談方式可能傳送出無益或錯誤的信號？
◆ 有什麼因素能幫助你利用肩膀傳達自己想要設定的氣氛？

PART 8

永恆的
真理

Eternal truths

185 自食其果
As you make your bed you must lie on it

> 一旦我們做了選擇，就必須接受其後果。

我們喜歡探索不同的選項，品嚐各種可能性。好奇心帶領我們通往四面八方，我們不希望自己花費時間與精力的方式受到侷限，也想要以自己的方式保持適應力。假如想要維持收入、人際關係和家庭，即使某些方面以後見之明來看只是次佳選擇，我們都必須接受自己的抉擇所帶來的後果。

拉希德喜歡管理顧問工作的多樣化內涵。他可以涉足別人的問題、表達看法，而且不用負擔執行構想的責任。他知道自己必須接受顧問工作一定會產生的不確定性，因為這項工作隨時可能枯竭。他學會了接受收入上的不可預測性，以及無法對任何主題長期投入。這是他從事自己真正喜愛的工作而必須付出的合理代價。

💡 思考提示

◆ 你如何接受以前所做的選擇並非最佳的？
◆ 你有多容易看出會有長遠後果的選擇？
◆ 你如何看出次佳環境的優點？

186 量入爲出
Cut your coat according to your cloth

我們需要現實一點，才能看出可用的資源有其侷限。

我們滿懷企圖心，想要長久改變自己所屬的組織。我們想執行極端的構想，因爲相信這可以讓組織有顯著的變化。我們看見了應該會吸引同事的機會，但是當構想無法獲得支持時，便深感失望。我們必須兼顧勇敢和務實：看見機會的時候，需要審愼評估盟友在哪裡；看見投資需求的時候，需要誠實計算可用的資源有多少。

拉希德能明確看出顧問這一行對於保險業的影響有多大，因爲他已經看過良好實務和不良管理之間的對比。他的腦袋裡有大量具建設性的構想，可是他請求重大投資時，卻只收到冷淡的反應。他不情願地接受必須一步一步前進的事實，並且要以最初招聘的結果，來證明顧問業在保險市場上正在增長。只有這樣，顧問業才有可能在保險領域擴大規模。

思考提示

◆ 你如何兼顧勇敢和務實？
◆ 你如何將自己的熱情轉化爲實際步驟？
◆ 有什麼因素能使你充分發揮有限的資源？

187 以退爲進
Withdraw gracefully

有時候，最佳行動就是慎重地退出。

你相信某個行動方案是必要的，而且爲自己偏好的決策鋪陳了理由。其他人對此較有疑慮，但提出的論點無法說服你。或許其他同事需要時間權衡證據，對於未來的不同選項才會更有興趣。你決定暫停推銷自己的觀點，認爲先等待某些活動展開會比較好。你看出此刻不是催促決策的時機，因爲可能會得到錯誤的答案。

拉希德看到保健事業的擴展空間，但同事們卻表示懷疑，因爲商業部門的淨利率大於公部門。拉希德知道，如果他現在就強力主張在保健事業大舉擴張，勢必無法得到大家全力支持。他需要進一步發展這個提案，以更明確的實例證明，在目標集中的顧問支持下，能創造顯著的改變；此外，還要再加上一套有關物有所值、令人信服的論述。

思考提示

◆ 在什麼情況下你會將撤退視爲挫敗？

◆ 你如何優雅地撤退？

◆ 你有多容易看出何時最好暫時退讓而不要推動決策，以免結果和自己喜歡的作法相衝突？

188 勿把所有雞蛋放在同一個籃子裡
Don't carry all your eggs in one basket

允許自己相信「前進的道路不只有一種可能」。

　　探索兩、三個選項時，對你幫助的作法是權衡它們的相對優點與缺點。若是要解決棘手的問題，那麼探索一個以上的解決方法，對你會很有用，可以避免過度拘泥在某一套步驟。為了某個行動方案而建立盟友時，值得花時間與不同的人會談，而不是只依賴先前的支持者。

　　拉希德看得出來，投資一個行業可能比投資多個行業，達到更高的報酬率。然而，經驗告訴他，市場的變遷快速，顧問業必須在許多領域都具有信譽，因為各領域對顧問的需求難免會有顯著的波動。拉希德知道自己必須取捨，但是也需要保留選擇性，不可以封閉太多可能性。

思考提示

◆ 在什麼情況下，你會過於專注在一個前進的方法？
◆ 你如何減少但不會過度限制未來的選項？
◆ 你如何堅持潛在的未來選項？

189 雨過天晴；天無絕人之路
Every cloud has a silver lining

遇到任何嚴重的問題或危機時，永遠都要尋找可能的正面發展。

我曾經陪某人一起度過一段困難時期，我選擇某個良好時機，試問對方在心態上是否有所改變，或者關於未來是否開啓了不同的選擇。人們回應逆境的方式或許會愈來愈有彈性。若能探問逆境中是否蘊含了什麼好事，可以爲痛苦且顯然會讓人變得虛弱的狀況，帶來新的視野。

拉希德經常和同事聊到那些進行得不如預期的專案。他愈來愈熟練於協助別人翻轉觀點，使他們能夠清楚表達藉由應對某個專案而學到了什麼，以及他們將會如何以不同的方式進行下一步，同時將逐漸變得明顯的洞見列入考量。拉希德天生樂觀，但是他知道必須收斂自己的樂觀主義，才能完全了解同事對於所發生的錯誤，在意的是什麼。

💡 思考提示

- ◆ 你如何允許自己相信黑暗中總有一線光明？
- ◆ 你如何從負面經驗汲取正面意義？
- ◆ 你如何克制樂觀主義，誠實評估出了什麼問題？

190 前事不忘，後事之師
Experience teaches fools

無論我們覺得自己有多愚蠢，經驗都能讓我們增長智慧。

後見之明讓我們看出自己做事的方法有什麼愚蠢之處。當我們回顧做過的蠢事，發現那些蠢事帶給我們或別人不必要的憤怒與痛苦，同時也承認透過這些愚蠢的行為，我們養成了敏感和洞見。愚蠢是智慧的先驅。我們盼望自己的愚蠢不會造成太多不幸，但也不會因為愚蠢而自我傷害，導致長期的損失。

拉希德偶爾會提醒自己曾經做過哪些愚蠢的決定。當時他都是自以為在做正確的事，直到回顧過往，才知道自己的介入和決策是誤判。但是，從大部分的愚蠢行為來說，他發現自己的愚蠢之中也有好事。在某些情況下，他的弱點反而受到其他人的喜愛，彼此建立了穩固的關係。其他情況則是愚蠢讓他學會了未來不要再用相同的方式做事。拉希德接受了應該將自己的愚蠢特質視為既可愛又不幸，而不是無藥可救。

💡 思考提示

◆ 你從自己的愚蠢行為學到了什麼？
◆ 你的愚蠢對於後來的觀點有多大的影響？
◆ 你對於別人的愚蠢有多少體諒？

191 驕兵必敗
Pride comes before a fall

在志得意滿的時候，我們會疏於察覺周遭的潛在陷阱。

我們能有所貢獻，也能以有助益的方式總結自己的方法，當然有權引以為傲。但是，當我們相信自己的方法就是唯一的方法，以及我們的成功是別人無法複製的，就會有風險。自信能讓我們大膽，而過度自信會讓我們變得心胸狹隘。有時候我們會被自己的信念蒙蔽，渾然不覺正在流失他人的支持。

拉希德知道自己必須保持平衡，在擁護事業的未來時有自信，同時也能用心聆聽別人的意見。他需要足夠勇敢地支持未來的道路，也需要足夠謙虛地承認自己可能有錯，別人也能改善他的構想。拉希德需要感到自豪的是：傾聽別人的方式，以及對變遷環境的適應力。

> 💡 **思考提示**
>
> ◆ 在什麼情況下，你的大膽可能造成心胸狹隘的風險？
> ◆ 你如何為自己的表現感到驕傲，並繼續保持心胸開放？
> ◆ 假如你對自己的表現相當自豪，已經到了聽不進別人意見的地步，有誰能對你提出諫言？

192 人不爲己，天誅地滅
Turkeys don't vote for Christmas

私利會影響判斷，請保持警覺。

你預期同事們在討論選項及未來可能性時，能有最客觀的態度，也能權衡證據並公平地面對各種選擇的利弊得失。如果員工人數將要縮減，你希望團隊主管們會思考企業的最佳利益爲何。可是，你知道在某些方面必須對他們的觀點有所保留，因爲私利因素會影響他們評估選項的方式。

拉希德想要移除某一層中間管理人員。團隊主管們有許多反應都在他的意料之中，而且都受到私利的嚴重影響。另外有幾名同事在評估影響時的態度比較冷靜。拉希德必須接受一般人的個人立場會影響其反應，因此需要嘗試找出誰的觀點比較持平，藉此協助思考接下來的步驟。

💡 思考提示

◆ 在什麼情況下我們的想法會被私利扭曲？
◆ 評估別人的觀點時，你如何將私利所造成的扭曲列入考量？
◆ 在什麼情況下我們需要公開擱置私利？

193 欲正人者，先正其身
Remove the beam from your eye first

在批判別人的觀點有偏限之前，我們需要先移除自己的思考障礙。

你正要批評別人對於某個次要主張的態度，然而你思考現實的方式或許有更大的缺陷。我們需要有人指出我們的視野受到了什麼扭曲，而且對別人的思考謬誤吹毛求疵，也有可能會損害我們的信譽。

拉希德一直表示：不同地區的顧問互相討論的時機不夠早，也沒有跟上其他行業變化的速度。然而，地區主管想要的是拉希德能提供更清楚的方向感，以及在判斷個人績效時有清晰明確的指導。拉希德不情願地承認，有一部分問題在於自己未能清楚地闡釋最重要的優先事項。

思考提示

◆ 在什麼情況下你會太專注別人的行動，因為這與你可能採用的作法不盡相同？

◆ 有什麼因素會阻礙你有清晰而前瞻的觀點？

◆ 你會授權給哪個人，請他提醒你的視野扭曲了？

194 水能載舟，亦能覆舟
Fire is a good servant and a bad master

別讓某個情境下效果良好的作法，主導了你對未來行動的判斷。

某種分析形式讓你得到珍貴的數據，於是你開始依賴它。你想在不同領域使用分析，卻發現自己可能變成某個方法的奴隸，同時成為太依賴該方法的支持者。以上的關鍵在於保持警覺，知道在什麼情況下我們開始受到某個有影響力的團體或方法過度主導了。

拉希德會刻意把大家集合在一起，以專注討論某個議題。他想要創造良好的對話，使得各種選項都能被嚴謹探討。可是，他並不想讓對話脫離自己的掌握。他希望大家態度開放、坦率、富有探究精神，也能彼此挑戰，但是不想見到辯論變成激烈交鋒。他會謹慎地緩和對話，讓大家都能保持誠實與互相支持，讓每個人的看法不僅受到尊重，也受到挑戰。

💡 思考提示

- 在什麼情況下，你需要大家參與一場坦率而開放的對話？
- 你如何確保誠實坦率的挑戰不會變成意氣用事或具有破壞力？
- 你如何炒熱氣氛並確保大家不會熱過頭？

195 出錢的就是老大
He who pays the piper calls the tune

為企業提供資金的人很大程度決定了企業的未來方向。

慈善機構的執行長或許對於如何經營該機構具有宏大的構想，但是他們受制於捐獻者準備用資金贊助哪些項目。組織內可能會主張投資某個領域，但是高階主管團隊決定將人力和財政資源投入哪些優先事項，才是關鍵因素。組織有時會強力支持追求特定的可能性，卻對資金有不切實際的態度。

拉希德想給大家全新思考的自由。他知道，關於該投資什麼，是永遠都跑不掉的艱難決定。他希望大家自由發展構想，但在資源分配上，需要一個嚴格而有紀律的方法。他不希望每一筆資源的應用都由他決定，但必須有一個清楚的流程，讓有限的人員參與決定，使資源的分配都能謹慎而客觀。

思考提示

- ◆ 關於由誰決定資源分配，你的評估方式有多務實？
- ◆ 在什麼情況下，你應該更謹慎地進行財政決策，不應該由別人為你代勞？
- ◆ 在什麼情況下，你可能在資源決策上變得過度刻板化？

196 路必有彎，事必有變／否極泰來
It's a long lane with no turning

機會可能在你最意想不到的時候出現。

有一個清楚的發展方向就擺在我們眼前，看起來漫長且無趣。但是，發生了出乎意料的事，因而出現了新選擇。人生並不如我們所預期的那麼無聊透頂。或許我們會意外得到機會，或是人生中某些事件的發展未能如願，使得我們必須面對許多艱難的環境。我們沒有預見自己需要改變和適應度過時間的方式。

在發展顧問事業時，拉希德能看見前方的道路。如果未來幾個月會有點單調，也是有價值的。但是根據他的經驗，總是會有事情發生而中斷了前進的道路。某個領域的業務無預警地下滑，這在一開始令人震驚，卻成爲他重新部署員工的動力。這一點能提醒拉希德，前方的道路看起來有多麼難以預料，他需要隨時留意機會與風險。

思考提示

◆ 在什麼情況下，你對於正在行進的路線過度自信？

◆ 當你踏上某一條路，有什麼因素能協助你留意新機會？

◆ 在什麼情況下，你會把可能的轉折視爲令人分心的事物或刺激？

197 一視同仁，不分厚薄
Sauce for goose is sauce for the gander

請記住，對某個群體的特許會被另一個群體當作權利。

你可能是依賴經濟學家來決定未來的投資，因此以資源和肯定支持這個群體。於是，其他群體開始嫉妒你對經濟學家的明顯偏心。你意識到自己必須以適當的方式肯定不同群體，認可他們的貢獻。你知道必須冷靜地利用資源，使資源分配的方式符合事業的最佳長期利益。

拉希德很清楚員工隨時緊盯著組織裡的不同部門如何得到資金。他知道不能讓某個領域的特殊資源請求成為所有人的合理化藉口，覺得他們也可以要求類似等級的權利或資源。他知道分配資源的方式必須更有選擇性，並且清楚溝通他決定如此分配的理由。

思考提示

◆ 假如你在某個領域的投資比另一個領域多，如何清楚溝通你的理由？
◆ 你如何肯定不同的貢獻，同時以不同的方式分配資源？
◆ 你對於不公平及平等待遇的潛在情緒有多敏感？

198 人生不是一次彩排
Life is not a dress rehearsal

我們的每一個決定都會產生後果。

有時候我們需要對正在做的事保持冷靜，並且知道我們的選擇和影響都是即時的。對於工作和生活的參與，並不是在進行理論探索。我們都在讓別人和環境變好或變壞，所說的每一個字、所做的每一個行動，都會產生後果。我們不是為了演一場不一定會上映的戲而彩排，而是當下行動的一部分，具有影響力。我們處在被觀看的舞台上，所做的每一件事都有鮮明的現實，不容逃避。

拉希德知道，當他決定投資某個領域而減少另一個領域的投資時，所做的每個決定都會對眾人產生影響。他必須說明自己的決定，因為這些決定立即改變了他們的生活。這不是服裝彩排或理論練習，如果這項業務對大家來說是有趣且值得追求的工作，他需要確保它能創造收入。

思考提示

◆ 你如何兼顧謹慎決策以及冷靜面對自己承擔的責任？
◆ 你如何將參與的每一階段工作，看成一齣正在上演的戲劇？
◆ 在什麼情況下你會為了讓自己的角色更有效率而彩排？

199 失去後才知道珍惜
We never miss the water until the well runs dry

我們把擁有某些事物視為理所當然，直到無法得到它。

或許有些對組織有貢獻的人，其任務並不在我們視野中的重要位置。他們確保資訊系統能運作、請款單被支付，以及網站保持在最新狀態。我們設法記得要肯定並感謝他們的貢獻。我們知道有這樣的風險：當服務無法提供時，我們會抱怨，而當服務正常時，卻忽略他們的存在。我們提醒自己，要定期寄感謝卡給這些無名英雄。

每當資訊系統運作不順利時，拉希德都會很不高興。他可能是第一個寄出電子郵件的人，在信中指出問題所在並設定期望的解決方案。他知道自己身為組織的領導者，必須思考能多做什麼事，以便讓那些維持組織運作的人，可以愈來愈有效率地執行工作。他們必須被聽見、被感謝，而不是被視為理所當然。

思考提示

- 在低調的領域中，誰需要你的肯定與鼓勵？
- 有些人維持著企業運作，你如何認可他們的貢獻？
- 假使支持企業的基礎設施故障了，你期望如何解決問題？

200 有志者事竟成

Where there is a will there is a way

當你有明確的前進願望，通常都會找到解決辦法。

企業成功的核心因素是對於改變的熱情。只要企業有一套根深柢固的信念，以及前進的強大承諾與動力，就算面臨再難以踰越的障礙也能克服。對團隊而言，一項很有價值的思考是：「想要找到前進道路的潛在承諾，有多堅強」。凡是有模稜兩可的地方，就需要認真思考。

當組織內部出現懈怠或疲憊的氣氛時，拉希德會針對未來的道路發表振奮人心的演講。有時候這是正確的步驟，但是他通常需要做的是和團隊一起探討，有什麼因素能使他們更有前進的活力與承諾，以及他們遇到的障礙是什麼。他知道需要找到共同的動機和聯合意志，讓大家願意一起前進，並找出解決方案。

💡 思考提示

◆ 在什麼情況下你需要繼續推進，不理會周遭的懷疑眼光？

◆ 你如何建立共同承諾，與眾人一起尋找解決辦法？

◆ 在什麼情況下你會獨自擬定計畫書？又是在什麼情況下你會專心建立強大的共識？

｜誌謝｜

當我向培訓客戶提出利用隱喻探討所面臨的困境時，感謝他們能有寬宏的心胸接納我的建議。隱喻往往能抓住想像力，使對談流暢地進行，順利探索艱難處境的諸多不同面向。經過一番教練對談，受訓者通常會記住隱喻，針對我們在培訓班所討論的議題，在事後繼續思考接下來的行動。

我要感謝以下諸位，在我致力於思考有效領導和隱喻的關係時，他們對我的思路尤其具有重大啟發：他們是朱莉‧泰勒（Julie Taylor）、露絲‧辛克萊（Ruth Sinclair）、蕭恩‧麥克納利（Shaun McNally）、蘇尼爾‧帕特爾（Sunil Patel）、鄧肯‧塞爾比（Duncan Selbie）、雪莉‧羅傑斯（Shirley Rogers）、凱蒂‧加德納（Katie Gardiner）、布萊恩‧波默林（Brian Pomering）、弗蘭‧奧拉姆（Fran Oram）、蘇菲‧蘭格代爾（Sophie Langdale）、亞歷克斯‧蘭伯特（Alex Lambert）和查理‧梅西（Charlie Massey）。

記得小時候有一位阿姨，她引導我瀏覽《英語急救箱》（*First Aid in English*）一書所條列的隱喻，這麼做有助於我在隱喻的視覺化表現方式找到了樂趣。對某個隱喻堅信不移，一

向是我維持個人決心的有效方法。我初次在政府機關任職時，是一段辛苦的日子。我訓練自己在任何困難的情況下看見「一線光明」，並且牢牢記住終究會在「隧道盡頭見曙光」。

感謝普瑞斯塔夥伴（Praesta Partners）公司的同事：他們是我眾多實用觀念的泉源，也願意挑戰我的思想。我特別要感謝的是希拉蕊・道格拉斯（Hilary Douglas）、保羅・蓋瑞（Paul Gray）、露薏絲・謝帕德（Louise Shepherd）、珍妮・魯賓（Janet Rubin）和烏娜・歐布萊恩（Una O'Brien），謝謝他們提供的許多良好意見和想法。

非常感謝約翰・湯瑪斯勳爵為本書賜序。約翰總是能為他所處理的議題帶來活力和清晰性，和他談論到如何在相互衝突的目標中發揮有效的領導力時，他永遠是我的靈感來源。

名創出版（Marshall Cavendish）的馬文・尼歐（Melvin Neo）是《一百個偉大觀念》（*100 Great Ideas*）系列七本書以及本書的傑出贊助人。名創出版的珍妮・卡密拉（Janine Gamilla）為我提供了許多實務上的支援。

賈姬・圖基（Jackie Tookey）以過人的細心和效率完成本書的文稿打字。崔西・依斯托普（Tracy Easthope）為我管理行程，讓我得以行有餘力地完成本書。她們兩人是非常出色的工作團隊成員，我對她們無比感激。安東尼・霍普金斯（Anthony Hopkins）與喬・蓋文（Jo Gavin）為我付出寶貴的支持，使我能在普瑞斯塔夥伴公司從事教練工作。

感謝柔伊・史提爾（Zoe Stear），因為有她細讀本書的文稿並提出建設性意見，書中對於某些隱喻的闡釋才能夠表達得更加清晰。

無論是從事教練工作或是寫作，家人自始至終都是我的支柱。當我顯然又出現教練上身的情況時，他們總是隨時準備對我吐嘈。我非常感謝他們以及孫子女為我帶來的幽默感。我很樂意將本書獻給孫子女，他們是我和法蘭絲的快樂之所在。

| 參考書單 |

Mirroring Jesus as Leader. Cambridge: Grove, 2004

Conversation Matters: *how to engage effectively with one another*.
London: Continuum, 2005

The Four Vs of Leadership: *vision, values, value-added, and vitality*. Chichester: Capstone, 2006

Finding Your Future: *the second time around*. London: Darton, Longman and Todd, 2006

Business Coaching: *achieving practical results through effective engagement*. Chichester: Capstone, 2007 (co-authored with Robin Linnecar)

Making Difficult Decisions: how to be decisive and get the business done. Chichester: Capstone, 2008

Deciding Well: a Christian perspective on making decisions as a leader. Vancouver: Regent College Publishing, 2009

Raise Your Game: how to succeed at work. Chichester: Capstone, 2009

Effective Christian Leaders in the Global Workplace. Colorado Springs: Authentic/Paternoster, 2010

Defining Moments: navigating through business and organisational life. Basingstoke: Palgrave/Macmillan, 2010

The Reflective Leader: standing still to move forward. Norwich: Canterbury Press, 2011 (co-authored with Alan Smith)

Thriving in Your Work: how to be motivated and do well in challenging times. London: Marshall Cavendish, 2011

Getting the Balance Right: leading and managing well. London: Marshall Cavendish, 2013

Leading in Demanding Times. Cambridge: Grove, 2013 (co-authored with Graham Shaw)

The Emerging Leader: stepping up in leadership. Norwich: Canterbury Press, 2013, (co-authored with Colin Shaw)

100 Great Personal Impact Ideas. London: Marshall Cavendish, 2013

100 Great Coaching Ideas. London: Marshall Cavendish 2014

Celebrating Your Senses. Delhi: ISPCK, 2014

Sustaining Leadership: renewing your strength and sparkle. Norwich: Canterbury Press, 2014

100 Great Team Effectiveness Ideas. London: Marshall Cavendish, 2015

Wake Up and Dream: stepping into your future. Norwich: Canterbury Press, 2015

100 Great Building Success Ideas. London: Marshall Cavendish, 2016

The Reluctant Leader: coming out of the shadows. Norwich: Canterbury Press, 2016 (co-authored with Hilary Douglas)

100 Great Leading Well Ideas. London: Marshall Cavendish, 2016

Living with never-ending expectations. Vancouver: Regent College Publishing 2017 (co-authored with Graham Shaw)

100 Great Handling Rapid Change Ideas. London: Marshall Cavendish, 2018

The Mindful Leader: embodying Christian principles. Norwich: Canterbury Press, 2018

100 Great Leading Through Frustration Ideas. London: Marshall Cavendish, 2019

Leadership to the Limits: freedom and responsibility. Norwich: Canterbury Press, 2020

The Power of Leadership Metaphors, London: Marshall Cavendish, 2021

Those Blessed Leaders. Vancouver: Regent College Publishing, 2021

Shaping your Future, Norwich: Canterbury Press, 2022

◎小冊子

Riding the Rapids. London: Praesta, 2008 (co-authored with Jane Stephens)

Seizing the Future. London: Praesta, 2010 (co-authored with Robin Hindle-Fisher)

Living Leadership: finding equilibrium, London: Praesta, 2011

The Age of Agility. London: Praesta, 2012 (co-authored with Steve Wigzell)

Knowing the Score: what we can learn from music and musicians. London: Praesta, 2016 (co-authored with Ken Thompson)

The Resilient Team. London: Praesta 2017 (co-authored with Hilary Douglas)

Job Sharing: a model for the future workplace. London: Praesta 2018 (co-authored with Hilary Douglas)

The Four Vs of Leadership: vision, values, value-added and vitality. London: Praesta 2019

The Resilient Leader. London: Praesta 2020 (co-authored with Hilary Douglas)

Leading for the Long Term: creating a sustainable future. London: Praesta 2021 (co-authored with Hilary Douglas)

● 這些小冊子的內容可以從普瑞斯塔洞見公司的網站下載：
https://www.praesta.co.uk/praesta-insights

|作者簡介|

　　彼得・蕭培訓過許多個人、資深小組和團隊，客戶遍布六大洲。他是切斯特（Chester）、德蒙福特（De Montfort）、紐卡索（Newcastle）、哈德斯菲爾德（Huddersfield）及雪莉（Surrey）等大學領導力發展學的客座教授，也是聖約翰學院（St John's College）和達蘭大學（Durham University）的教授研究員。從2008年起，他成為溫哥華攝政學院（Regent College, Vancouver）客座教授系的一員，同時擔任墨爾本法學院（Judicial College in Melbourne）的客座教授。他有三十本著作，論及領導力的諸多面向，其中有些著作已譯成七種語文發行。

　　彼得的第一份工作是在英國政府擔任公職，曾歷經五個部門，擔任過三個局處首長職位。他是高等與深造教育管理機構的長期成員，亦是聖公會的司禱員，在堂區、教區及全國等級的英國國教派均十分活躍。他也是吉爾福得座堂（Guildford Cathedral）的信徒法政（Lay Canon），以及吉爾福得座堂委員會主席。

　　彼得擁有切斯特大學的領導力發展學博士學位，並且由於「卓越的公共服務」獲達蘭大學頒發榮譽博士學位，又因為在

領導力與管理方面的貢獻，再獲得哈德斯菲爾德大學授與榮譽博士學位。

在教練工作上，彼得讓受訓的領導者和團隊都有能力運用領導者所擁有的自由，進而發揮最大的效果。他是領導者，也是領導者的教練，能從許多不同的環境中汲取豐富的經驗。他所追求的，是在淵博的經驗裡融會洞見，再加上基督教信仰與領悟做為基礎。彼得專注於提升個人與團隊的能力，使他們的效能更上一層樓，獲得更清晰的願景，明白自己追求的目標、實現最重要的價值、知道如何創造獨特的附加價值，以及認識生命力之源。

彼得已經在英國境內完成四十次長途健行，約克郡谷地（Yorkshire Dales）是他最鍾愛的健行區域。他有七名孫子女，讓他的心態變得更年輕。

| 索引 |

（說明：以下的"no."代表序號，"p."代表頁碼）

隱喻領導力——
啓發洞見、解決難題的200則思考提醒

作　　者——彼得‧蕭（Peter Shaw）　　　發 行 人——蘇拾平
譯　　者——黃開　　　　　　　　　　　　總 編 輯——蘇拾平
特約編輯——洪禎璐　　　　　　　　　　　編 輯 部——王曉瑩
　　　　　　　　　　　　　　　　　　　　行 銷 部——陳詩婷、曾曉玲、曾志傑、蔡佳妘
　　　　　　　　　　　　　　　　　　　　業 務 部——王綬晨、邱紹溢、劉文雅

出 版 社——本事出版
　　　　　　台北市松山區復興北路333號11樓之4
　　　　　　電話：(02) 2718-2001　傳眞：(02)2718-1258
　　　　　　E-mail：andbooks@andbooks.com.tw
發　　　行——大雁文化事業股份有限公司
　　　　　　地址：台北市松山區復興北路333號11樓之4
　　　　　　電話：(02)2718-2001
　　　　　　傳眞：(02)2718-1258
美術設計——COPY
內頁排版——陳瑜安工作室
印　　刷——上晴彩色印刷製版有限公司
2021年11月初版
定價　420元

The Power of Leadership Metaphors by Dr Peter Shaw
Copyright ©2021, Marshall Cavendish International (Asia) Pte Ltd. All rights reserved.
No part of this publication may be reproduced or transmitted in any form or by any means,
or stored in any retrieval system of any nature without the prior written permission of
Marshall Cavendish International (Asia) Pte Ltd.
The Complex Chinese translation rights arranged with Marshall Cavendish International (Asia)
Pte Ltd through Peony Literary Agency.

版權所有，翻印必究
ISBN 978-957-9121-97-2
ISBN 978-957-9121-98-9（EPUB）

缺頁或破損請寄回更換
歡迎光臨大雁出版基地官網 www.andbooks.com.tw 訂閱電子報並填寫回函卡

國家圖書館出版品預行編目資料
隱喻領導力——啓發洞見、解決難題的200則思考提醒
彼得‧蕭（Peter Shaw）/ 著　黃開 / 譯
---.初版.— 臺北市；本事出版　：大雁文化發行，2021年11月
　面　；　公分.—
譯自：The Power of leadership metaphors
ISBN 978-957-9121-97-2（平裝）
1. 領導者　2. 組織管理
494.2　　　　　　　　　　　110014204